王 伟 著

参与编写者：

孙保军　仇　俊　蔡建伟　余天军

杨　波　刘从余　张铁松　周　江

王继中　郭　武　刘　标　王　明

聂　燕　童勇发　周　杰　丁加雷

摄影：王　伟

海峡出版发行集团
THE STRAITS PUBLISHING & DISTRIBUTING GROUP

福建科学技术出版社
FUJIAN SCIENCE & TECHNOLOGY PUBLISHING HOUSE

图书在版编目（CIP）数据

王伟盘饰艺术 / 王伟著 . —福州 : 福建科学技术
出版社 , 2013.4
ISBN 978-7-5335-4228-3

Ⅰ . ①王… Ⅱ . ①王… Ⅲ . ①食品 – 装饰雕塑 Ⅳ .
① TS972.114

中国版本图书馆 CIP 数据核字 (2013) 第 029605 号

书　　名　王伟盘饰艺术
著　　者　王　伟
责任编辑　陈滢璋
　　　　　电话 13599051611　　邮箱 chyzh365@163.com
出版发行　海峡出版发行集团
　　　　　福建科学技术出版社
社　　址　福州市东水路 76 号（邮编 350001）
　　　　　www.fjstp.com
经　　销　福建新华发行（集团）有限责任公司
印　　刷　福建新华印刷有限责任公司
开　　本　889 毫米 ×1194 毫米　1/16
印　　张　11
图　　文　176 码
版　　次　2013 年 4 月第 1 版
印　　次　2013 年 4 月第 1 次印刷
书　　号　ISBN 978-7-5335-4228-3
定　　价　65.00 元
　　　　书中如有印装质量问题，可直接向本社调换

序言

　　早年刚在厨房里当学徒的时候，看到师傅们用黄瓜摆成圈用来装菜，觉得煞是好看，一心想要把它做好。但是，没想到就算是用黄瓜摆一个圆也是不容易的，不是切的片厚了摆不起来，就是摆出的造型不够圆。足足一个星期，我中午都没有下班，就用来练习摆圆圈。从那时开始，我就被菜品造型的美感所深深吸引，心向神往。

　　很快地，十几年过去了，我还是坚持着我当学徒时的想法，要做出富有美感的菜品。装盘使用的盘饰，造型丰富，技艺巧妙，而且这几年在不断发展变化，新的工具和技法，带来更多的自由度，让装饰和菜肴更加融为一体。这要求我们不断地进行充电，学绘画，学雕刻，学制作糖艺、巧克力、烘焙……每一个技术的掌握，都会带来巨大的喜悦和成就感。但，技术的掌握不是重点，重点是它们在菜品当中的运用，打造出别致的餐桌风景线。时代在前进，风景也在不断地变化，因此，我们不能只照搬老套路，更多地，需要有自己的想法，并用好的方式将之融入作品，诠释食物的美感。

　　现在，我在专门研究菜肴造型设计的睿尚食文化艺术发展有限公司里任职，做着一如既往热爱的事情。在公司开办的盘饰培训的课程中，一直有许多需要和喜欢盘饰的朋友来切磋交流，感受盘饰的种种魅力。因为厨艺俱乐部朋友的一句建言，我萌生了把自己这些年的经验编写成册的想法，故而有了这本书。希望它能让更多热爱盘饰艺术的朋友一起分享我的快乐。

　　感谢在这本书的写作过程中给予了很多帮助的朋友们！

　　书中一定还有许多不足之处，请各位前辈、师傅给予宝贵的意见！

王　伟

目 录 CONTENTS

第一章
盘饰设计理论

盘饰设计，即菜品的装饰与造型设计，旨在体现、充实菜肴本身的美，营造愉快或美好的意境，让就餐成为味觉、视觉、身体、心灵的全方位享受。

盘饰作品可以表现人们喜爱的物品、美景，或者喜事、节日、理想、愿望等，也可以是完全抽象的。

创作者平时多留意生活，会发现有很多细节可以借鉴。真正爱生活、爱美食的人，一定能做出有自己风格与思想的作品。

一、概述

进行盘饰设计应将菜肴、餐具和装饰物融合考虑，从色彩、造型、质感各方面提升菜品的质量。

作为一个盘饰的制作者，首先要了解菜品，这样才能知道针对的是什么样的目标。还要熟练掌握工具的性能，提高自己的手法、技艺。要充分了解色彩与布局的学问，进行合理运用、灵活搭配。

一般盘饰设计从以下几个方面进行考虑：

1. 菜肴特点；
2. 色彩构成；
3. 空间布局；
4. 技法操作；
5. 工具使用；
6. 搭配运用。

二、盘饰色彩基础

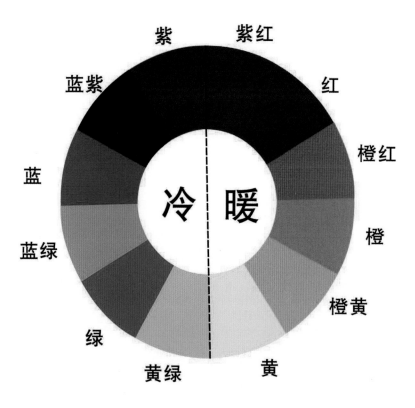

菜品的颜色会直接影响食客的感受。好的色彩搭配会使人感觉到食欲增加、放松与温馨；色彩搭配不当会使人感到消沉、压抑等。所以色彩的运用是不容忽视的。

色彩给人的感觉有冷、暖之分，如图所示。

一般来说，黄、橙、红为暖色调，会促进人的食欲；绿、紫、蓝为冷色调，会使人感到富有生态、有益健康。

对各种颜色的详解如下。

暖色系	红色	鲜艳，视觉刺激强，让人感觉活跃、热烈，有朝气，同时也刺激了人的味蕾，让人胃口大开。 在人们的观念中，红色往往与吉祥、喜庆相联系，它自然成为一种节日、庆祝活动的常用色
	橙色	柔和，具有红与黄的优点，让人感到温暖。 一些成熟的果实、富于营养的食品如橙子、糕点、胡萝卜也是橙色的。所以橙色能带给人营养、香甜的联想，是易于被人们接受的颜色
	黄色	明亮，让人感觉到快乐；或者显得娇嫩。 容易让人联想到营养丰富的黄油、杏仁、黄豆等食品。 皇家的象征色彩也是它，有高贵的含义，所以在一些高级宴会中是常用的元素
冷色系	蓝色	蓝色在自然界的食材中不多见。它与红色相反，易让人感觉低沉、神秘，或者感觉陌生、孤独。所以在菜品中常避免使用蓝色。 但是，在适当的情形下运用，会产生清澈、超脱的感觉，或者给人宁静之感
	绿色	具有蓝色的沉静和黄色的明朗，是稳重而又舒适的色彩，它是植物叶子的颜色，可以缓解眼疲劳，让心情平静、轻松。 幼嫩的植物大都是绿色，因此它能给人新生、单纯的联想。 但大面积地在菜肴装饰中运用绿色，易使人感觉冷清、消沉、食欲减退。因此，绿色在设计中只能少用，起画龙点睛的作用
	紫色	优美高雅、雍容华贵的颜色。有红色的个性，也有蓝色的特征。给人无限浪漫的联想，追求时尚的人最推崇紫色。 但盘饰中大面积地运用紫色会使整体色调偏深，产生压抑、低沉或烦闷的感觉，影响食欲。它适合作为装饰的亮点存在，而不是主体

黑色与白色是没有色感的色彩，不出现在色环上。恰当地运用黑白色，可以跟任何一款色彩成功搭配，详解见下表。它们在食物当中的品种相当多，这也给我们的创意提供了很多便利。

黑色	黑色食物的营养价值一直是受到推崇的，如黑芝麻、木耳、黑米等，有抵抗衰老的功效。 在盘饰色彩运用中，黑色可以和很多颜色搭配，产生出各种各样的效果，比如，巧克力黑可以产生现代感，或者浪漫感。 需要注意的是黑色也是阴暗的象征，有时代表令人忌讳的东西，所以大面积地运用黑色是需要慎重考虑的

白 色	白色给人纯洁、纯粹、素净的感觉，在餐饮行业中常见到。 白色反射全部的光线，带来宽敞、放松的感觉，容易产生留白的效果。 不管是白、黑，无色感的特性容易带来极端的印象，如果搭配不当还会让人产生"清冷""空旷"等负面感受

盘饰色彩尽量选用可食性的材料实现，减少色素的使用，这样会更有亲和力。

食材颜色对照表

暖色系	红色	红辣椒、西红柿、山楂、红苹果、草莓、红枣、红米、柿子
	橙色	胡萝卜、白薯、杏、香瓜、哈密瓜、芒果、木瓜、南瓜和柑橘
	黄色	黄椒、柠檬、小麦、小米、玉米、板栗、香蕉、桂圆、饼干
冷色系	蓝色	蓝莓、甘蓝
	绿色	黄瓜、绿椒、青柠、西芹、芥兰、各种鲜香草、蔬菜
	紫色	紫玉米、桑葚、葡萄、山竹、黑布林、紫薯、紫山药、紫扁豆
白　色		白萝卜、白菜、百合、银耳、莲藕、莲子、面包、土豆
黑　色		黑米、黑豆、黑芝麻、巧克力、香菇、发菜

三、搭配

盘饰设计的宗旨，始终是为菜肴服务的。不一定要用繁琐的装饰，经常，只需要使用简单的搭配，有突出的主题，盘面大量留白，客人就会感到轻松与自在，体会创作的内涵。

在构思、制作时，应该让盘饰与菜品融合，而不是成为单独的个体。注意空间位置的占用和力度感的体现，注意要表达的中心思想。简约的设计与简单的制作是一个流行趋势，这样既经济，又有充分的想象空间。

我们总结了下面一些搭配规律，在各种风格和主题中，都是通用的。

1. 色彩的搭配

色彩的运用要从整体上进行考虑。充分考虑菜肴主体的色彩，以及餐具的颜色。基本上是以菜肴主体的颜色来确定所需要的装饰食材。

色彩不可使用过多，否则会使菜品看上去累赘、花哨，让人感觉压抑、局促。一般的菜肴在装盘时，包括菜肴和盘饰，有3种到5种颜色相互搭配比较合适。可以参考下面的公式来确定各部分颜色的面积比例：

主色 : 互补色 : 邻近色 = 4 : 1 : 0.5

主色即菜肴主体的色彩，互补色是在色环上与主色相距最远的色彩，邻近色是与主色相距最近的色彩。

2. 面积的搭配

菜肴与盘饰都是放在餐具上呈现的。一般来说，制作精致菜品时，菜肴主体的盛放面积占盘面的 1/3；盘饰的预留面积也只能是 1/3，这其中，盘饰的主体又只能占到预留面积的一半；剩下的盘面就留白。这样的盛放方式可以让人感觉放松、舒畅，不会局促、压抑。

3. 高低的搭配

如果菜肴本身不能产生明显的立体感，就需要在盘饰上体现出高度；如果菜肴本身可以营造出立体高度，那么盘饰就需要平缓一些。两者不能呈现相同的高度。

使用杯器、立体插件等装饰，可以产生明显的立体感、落差感。

4. 造型的搭配

造型的搭配主要体现在餐具形状、菜肴形状、盘饰主体形状之间。比如利用各种形状的餐具、杯器，巧妙进行菜肴的刀面加工、造型摆放，变换盘饰主体的造型，都可以使菜肴整体具有突破感。

5. 食材的搭配

盘饰可以选用不同于主菜的材料，但是口味和色泽要得当。比如牛排菜肴，可以搭配清新爽脆的素菜，解除油腻感的同时也增加了视觉欣赏效果。

四、 盘饰成功运用的八条经验

（1）餐具尽量选择又平又浅的，不管是什么形状，至少有 50%~70% 的面积是浅的。保证盘饰区域只占用总面积的 1/3。

（2）餐具宜颜色素净。如果有花边，应该避免色彩与花纹太过丰富，导致视觉的分散。

（3）盘饰主体的摆放粘接位置应该在菜肴主体的左上角或者是右上角，即 10 点钟或者 2 点钟位置。

（4）让盘饰色彩与菜肴的主体颜色形成反差，或者说互补。水果、蔬菜、酱汁、饼干常适合采用。

（5）注意使用小点缀。利用各种酱汁形成点、线、面进行搭配，简洁大方而又方便。使用荷兰芹、蓬莱松等素材装饰，能让视觉更饱满。

（6）盘饰食材的造型特征和口味与菜肴主体不同，可使感觉鲜明、平衡。

（7）利用杯器进行搭配，产生高低错落、立体层次，可使整体视觉效果活泼、创意感鲜明。

（8）注意你最想让客人欣赏到的是哪个面，菜品上桌时，要让这个面朝向客人。

第二章
糖艺盘饰

糖艺作为新的菜肴装饰方法，以其光亮或晶莹剔透的质感以及丰富的造型变化而受到餐饮界的追捧。在运用到盘饰中时，逼真的造型常常过于耗时，而使用抽象、简约的风格，容易制作出时尚、意境感丰富的作品，符合酒店快速、精美的出品要求。

本章，首先介绍糖体的熬制，而后分拉糖和流糖两类介绍盘饰的制作。拉糖是对温热的固态柔软的糖体进行加工，流糖是对高温液态的糖体进行加工。

一、糖体的熬制

制作糖艺之前，要将糖粒熬制成单一、柔软的糖体。糖体可以用两种原料来做，一种是蔗糖类原料，一种是艾素糖，它们有不同的性质。

1.使用蔗糖类原料

（1）配方

韩国砂糖、绵白糖、白砂糖、单晶冰糖，这些蔗糖原料都可以用来做糖体。

熬糖的配方如下，适用于各种蔗糖。

蔗糖	1000 克
葡萄糖浆	250 克
酒石酸溶液（酒石酸：水=1:1）	5 滴
水	400 克

在配方中，加入葡萄糖浆和酒石酸的目的是防止糖体还原，即结晶还原为小颗粒晶体。如果大量结晶，凝结成片，就叫做翻砂。下面详细解释配方中各种原料的选择和作用。

①蔗糖。颜色要洁白，没有任何杂质，味道也要正，手感干燥疏松。好的原料熬出的糖体干净、透明；质量差的，则糖体夹杂气泡多、颜色较深。

②葡萄糖浆。取浓度80%，DE值（葡萄糖值）40%，颜色要透明。它的作用一是减少结晶，二是让成品更有硬度、韧度。

③酒石酸溶液。它是由固态酒石酸和温水按重量1:1混合，充分溶解而成。用滴管控制用量。酒石酸的作用：一是减少结晶，效果强于葡萄糖浆；二是让糖体在烤热后更加软化，便于塑造。

④水。不应有杂质，以蒸馏水为最佳，但成本偏高；纯净水也是不错的选择。水质不佳，会导致糖变黄、结晶。

熬糖时，加热到不同的温度有不同的声音、气味和气泡产生，这反映了糖液的性质变化。

（2）操作

蔗糖类原料的熬制温度以160℃为宜，一般不要超过170℃，温度过高会生成饴糖，饴糖容易变褐色与吸湿，让作品不够透亮、易融化。放置糖体的环境越干燥越好，湿度不要超过50℃，湿度过高，糖会沾手与融化。

下面详解熬糖的步骤。

①准备好原材料和工具。

②用不锈钢复合平底锅装纯净水放在电磁炉上，开大火。水烧开时，加入蔗糖、葡萄糖浆。此时液面停止沸腾，应该离锅沿有不小于2cm的距离，以免以后沸腾时溢出锅外。在继续加热的过程中，要不断搅拌锅底，防止糖煮焦，到再次沸腾时，就不需要搅拌了。

③再次沸腾时，迅速调至中火（1000 w）。撇掉液面浮沫，并且把锅壁凝结的水汽用毛刷擦除，避免这些因素影响糖的透明度和产生结晶。

④监测温度，当温度达到120℃时加入酒石酸溶液。注意控制用量，用量过多糖体在塑造时发软，用量过少糖会翻砂。

⑤用毛刷再次刷净锅内和锅壁上的浮沫与杂质。在整个过程中，要至少清理两次锅壁，因此毛刷要及时清洗，清洗毛刷需要用热水。

⑥时时监测温度的变化。当温度达到120℃以后，糖液的升温速度会加快；待温度达到160℃，关火。整个开炉时间在20分钟左右。

⑦把锅底浸入冷水中10秒左右来降温，避免锅底余热让糖液变色。

⑧调色。每一锅糖可调制多种颜色，满足不同的需求。用勺子舀一些糖液倒在不沾垫上，滴上色素，再盖上一层糖液，用勺底滚动调匀。

⑨糖体制作完毕，可收纳待用。注意保存空间应该干燥，最好用密封保鲜盒加干燥剂保存，以后随用随取。

2.使用艾素糖

艾素糖也叫珍珠糖、法国拉丝糖、益寿糖，是一种代糖类食品，呈白色颗粒状。它的优点明显：

①质地纯净。

②熬煮方便。熬煮时只需加入纯净水，温度上升至185℃即可；直接干熬也可以。耐高温，即使温度达200℃也一样透明。

③制成品性质稳定。因为糖液中不含有葡萄糖等成分，在熬煮时不会产生饴糖等物质，所以，制成品没有变色、结晶翻砂的问题，也不受空气湿度的影响，不易融化。

艾素糖可以使用下面两种不同的方法来熬煮，有不同的效果。

（1）水熬法

取蒸馏水200克，艾素糖500克，一起倒入不锈钢复合平底锅，放在电磁炉上加热，待温度上升到185℃时，倒糖液在不沾垫上，调色后即可。

这种方法适用于手工塑造糖艺，即拉糖。如果需要增加糖体的硬度来制作大件作品的支架，应该让熬煮温度上升至195℃。

（2）干熬法

干熬即只使用艾素糖，不加水直接熬制，熬化即可。它适用于流糖操作，如拉丝造型、底座支架快捷制作。

下面详解通过干熬法制作一个装饰物的过程。

①把艾素糖倒入不锈钢复合平底锅内，放在电磁炉上用中火加热。

②不断地搅动糖体，使其均匀受热。

③等到糖粒完全融化，即可倒出。

④下面开始制作一个网格状装饰物。先把蜂窝网糖艺模具放在黑色的不粘布上，再把糖液浇下。

⑤用不粘垫刮糖，刮去顶部的糖并使糖充分流入模具。

⑥待糖冷却后，即可取下网状物。下图是它在"什锦菌溜螺片"中的应用。

二、拉糖作品制作详解

"拉糖"指的是一个基本加工方法，刚熬煮好的糖体是透明的，把它反复拉长、折叠、再拉长……十几回合后，无色糖体会变成不透明的白色，表面则光亮抢眼，犹如绸缎。并非每个盘饰都需要拉糖，例如需要透明效果时，就不需要拉糖；而如果要有不透明的实体感，就需要拉糖。

拉好的糖体可以在干燥条件下长期保存。拉糖时次数不能过多，那样糖体会变暗、变硬。

弹 簧

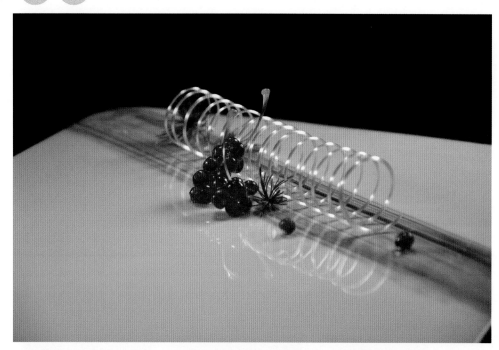

提示：改变缠绕管的粗细，以及糖丝的粗细、间距、长短、颜色，可以做出不同的弹簧。可以把弹簧竖立、折断、弯曲等，获得各种效果。

①把糖块放在糖艺灯下均匀加热，软化后拉出线条。

②延长线条成为糖丝。

③把糖丝均匀地缠绕在亚克力管上。

④待糖冷却后，退出弹簧糖丝。

①把绿色糖块烤软之后，翻出温度均匀的糖面。

②拉出糖丝线条，注意掌握糖的温度、质感。

③进行线性摆设，制作花茎。

④用纯白色糖体做出花瓣。

⑤粘结花与茎。

提示： 翠绿色和白色都是很清爽的色调。注意，所搭配的菜肴应该是没有汤汁的，不然会融化糖体。

⑥配上弹簧围，稍点缀。

凤凰

①将糖体烤软，不可揉搓以免糖体内有气泡。拉出线条。

②整理出身体造型，把握好身体与头部的弯曲比例。

③用白色糖体拉出片状半水滴形头羽。

④粘接头羽，还要加上嘴上的肉垂。

提示：在创意和设计这类线条型作品时，关键是准确地表达出目标的主要特征，而繁琐的细节可以尽量省略。

月 季 花

①把红色糖烤软、拉出光泽后，撕成一个边缘很薄的斧头状。

②在斧头状糖的边缘展出一个半圆形。

③调整手势，拉出花瓣形状。

④断掉花瓣，整理好造型。

⑤做出圆锥形的花心。

⑦均匀、有规律地粘好花朵。在安装时，用气泡糖和糖艺树叶搭配。

⑥将花瓣根部用火烤软后与花心粘接。

提示： 做花瓣的手法相当重要，可以应用于制作各种花，比如荷花、玫瑰、牡丹、菊花等。各种花朵在粘接的时候都是有规律的，比如有几层，每层有几片，通过观察真实的花朵可以增加了解。

花瓣彩带

①调出棕色与乳色糖，拉成条，平行排列，注意各个糖条的温度应该一致，只有这样才能在以后拉出均匀的彩带。

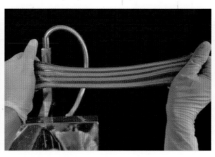

②均匀地拉出彩带。

③剪取一段彩带，对折。

④拉出水滴形薄片。

⑤利用糖体余温整理出流线形，待冷却后使用。

提示： 彩带较常用，并且可以变形出多种造型。应用时的一个关键是颜色的搭配，根据菜肴本身的颜色来选择彩带的颜色才能让人眼前一亮。基本上一根彩带的颜色不要超过三种。

南 瓜

①把烤软的红色糖体捏成一个圆球，而后剪下。

②先将气囊的出气铜管加热，而后把圆球套在铜管上，压气囊均匀地吹气，鼓起糖球。

③在糖球的顶部压出一个凹形。

④用刀片从凹形开始拉出南瓜的纹路，注意保持南瓜的整体形状不走形。

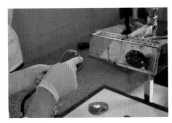

⑤整理出所有纹路，然后补气使南瓜更加饱满，成型后用风扇冷却降温。

⑥加热南瓜的底部，而后用剪刀减去多余的糖体。

⑦用绿糖扭转出纹路，做成南瓜藤。

⑧粘连南瓜藤，卷曲造型。

天 鹅

①用食用白色素调出乳白色糖体，烤软后整理出一个糖球。

②把糖球中心用手指顶出一个洞，而后套在气囊的铜管顶端。

③用气囊充气使糖球饱满，然后提捏出天鹅颈部。

④拉出天鹅颈部的同时顺势拉出尾部，总体上形成S型。

⑤拉出花瓣型，在边缘拉出羽毛状，做出天鹅翅膀。

⑥用金色糖体做出天鹅的嘴部，粘接上。用毛笔勾勒出眼睛。对翅膀用绿色和黄色喷出有过渡感的色彩。

⑦如作品需要保存待用，可以先不组装翅膀与身体，如图使用硅胶干燥剂（蓝色颗粒物），在大号的密封保鲜盒内存放，这样即使天气潮湿也可以长期保存。干燥剂在吸潮后会变成白色，可以低温烤干成蓝色后再次使用。作品使用时，用火烤软翅膀根部粘接在身体上即可。

三、流糖作品制作详解

熬好的糖还处在液态时,可以利用它的流动性来造型,这种方法就叫流糖。它的制作用时短,操作容易,作品质感自然。

①将糖醇熬至200℃,颜色呈金黄色时起锅,将锅底放在水中冷却,防止继续变色。

②等糖冷却,其黏稠度不断上升,到可以拉丝的程度时,即可操作。

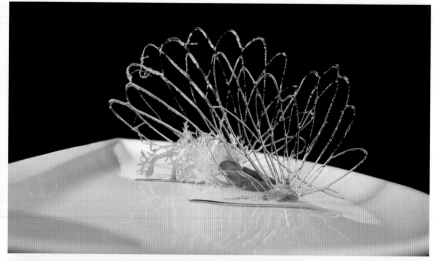

③用勺子在不粘垫上浇出线型。

流 糖 造 型 圈

①用熬好的糖在不粘垫上面拉出糖丝底坯，垫子越大每次操作的数量就越多。

②把浇好的糖丝坯放在糖灯下进行加热造型。

③准备好柱状物如钢杯、擀面杖，把加热好的糖丝卷在上面，冷却后容易取下。

气 球 糖 碗

① 将气球洗净，而后吹胀，系紧气球口，但不要打死结，方便以后放气。

② 用金黄色糖液在气球上拉丝。

③ 把做好的糖球放在不粘垫上进行冷却。

④ 打开气球口，缓慢地放气，即可得到糖丝气球。

浮 空 底 座

①取水晶球模具的一半，放在不粘垫上。准备一锅熬化的糖。

②把糖液均匀地浇在模具上。

③模具的四周糖丝应该稍厚一点。

④放凉冷却，退出模具。

蜜 饯 糖 片

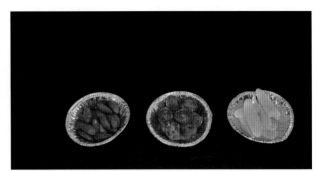

①准备三种不同颜色的干果。

②用勺子把糖放在不粘垫上映出半圆形，迅速黏上干果线。

③使糖完全冷却后取下。

异 次 元 水 滴

① 用熬好的糖液淋出圆片，待其冷却。

② 用小火枪烤软糖片中心。

③ 双面加热，至中心有糖自然下垂。

④ 用手整理出水滴形。

⑤ 使用时将局部烤化粘在盘上。

①将金黄色糖液温度控制在120℃左右。

②在不粘垫上浇出需要的形状，待冷却后取下。

③用火机烤软糖片边缘，用手拉出水滴自然垂落的效果。

④使用时可以使用高脚杯搭配。

流糖瓦片

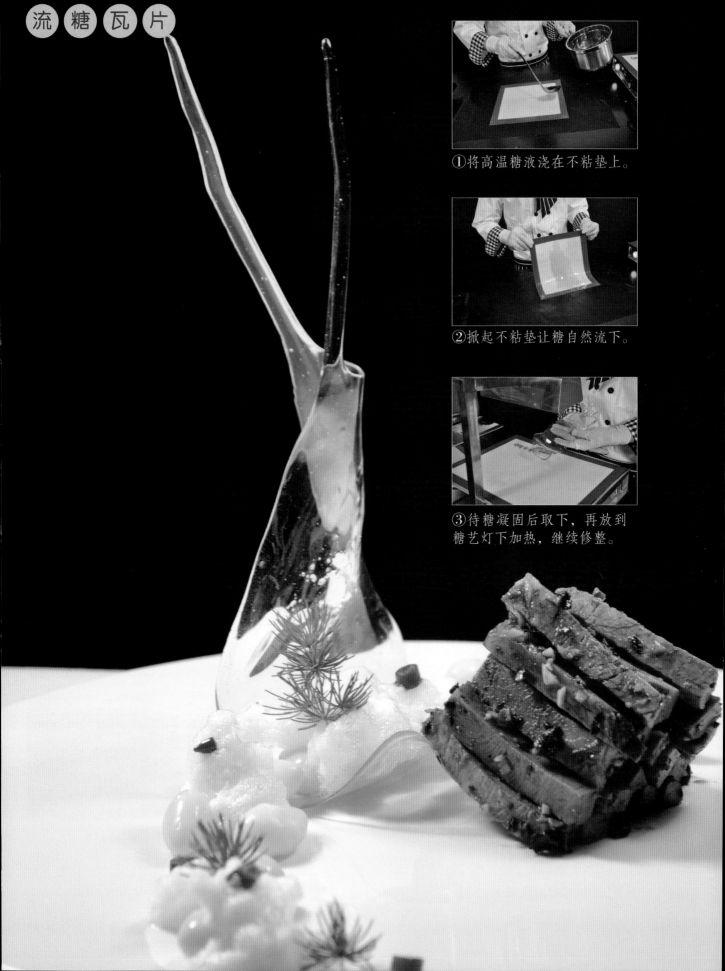

①将高温糖液浇在不粘垫上。

②掀起不粘垫让糖自然流下。

③待糖凝固后取下，再放到糖艺灯下加热，继续修整。

气泡糖

①把艾素糖倒在不粘布上，放入烤箱。 ②以250℃烘烤。

③至艾素糖液化并且起大泡，关火，小心拿出托架。 ④等糖冷却后取下。

铸模造型

使用耐高温的硅胶模具，能够高效地批量制作糖艺装饰，是酒店在工作中不错的选择。

制作时把糖液倒在模具内部，朝各个方向倾斜、晃动，让糖液均匀地附着在模具的各个内表面，而后把多余的糖倒走。待糖冷却后脱模，即得到通透性很强的作品。

在装盘时，还需要使用其他食材进行有机地组合，使作品效果更加突出与饱满。铸模造型不仅可以用来做点缀装饰，还可以做成装菜的容器。

四、作品赏析

甜蜜小屋

玫瑰颜色的卡通蘑菇小房子，是小朋友们的喜好，当然，正在恋爱中的情侣们也想拥有这样一个童话般的地方哦。把绿茶粉喷在糖做的石头上，感觉更加自然。

书香玉花

饼干泛黄的色彩让人联想到书页，配上一根淑女簪花，相得益彰，耐人寻味。饼干可以被吃掉，与菜品的口感相配。固定糖艺时，用小火枪同时加热其底部与餐具，相互粘接。

戎马生涯，挥剑沙场，长剑刚正不阿，三人使命荣耀。金黄色与红色的搭配，以及感性的造型设计是重点。

妙 缘

奇妙的缘分就在自由的线条交汇的瞬间。

偶遇

　　其实应该是"藕遇"，在凝视莲藕的一分钟内突如其来的灵感造就了这个作品。

　　首先要把莲藕薄片用烤箱烘干，然后挂一层糖，在盘面摆放、粘连。在顶上再粘接一朵糖艺小花，红色的花心也是用糖体做的。最后撒上几粒有色彩的小糖珠，更显生动。

瑰 丽 牡 丹 　国色天香的花朵传达出富贵与大气。制作时，直接用牡丹硅胶
模具制作花瓣，速度快。粘在器皿上的手法还可以创作出其他的造型。

两 情 相 悦

惺惺相惜，两情相悦，这是婚礼、情人节的必备良方。注意把握好天鹅头、颈部的粗细过渡。

碧 水 秋 荷

用艾素糖经高温烘烤形成气泡糖来表现水，大块的气泡糖粘在作品后面作为衬托，小块的粘在前面作为水面的延伸。

雨后小景

春雨过后，树林里美味的野生菌又窜出来了。餐包形象生动地表现了野生菌。

只要掌握自己的思路，很多东西都是可以用来造型的。

江南水韵

烟雨朦胧，五彩的水珠跃动，还有碧绿的水草，这是江南特有的景色。

用烤艾素气泡糖的手法做出背景。搓出各种色彩的糖珠，在糖液里沾取出丝。

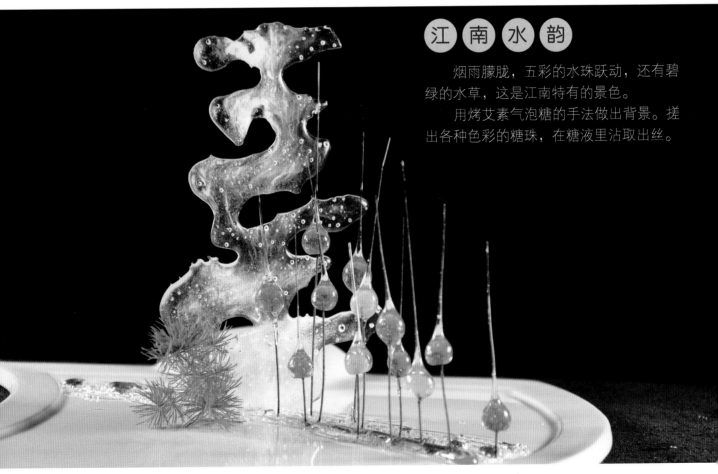

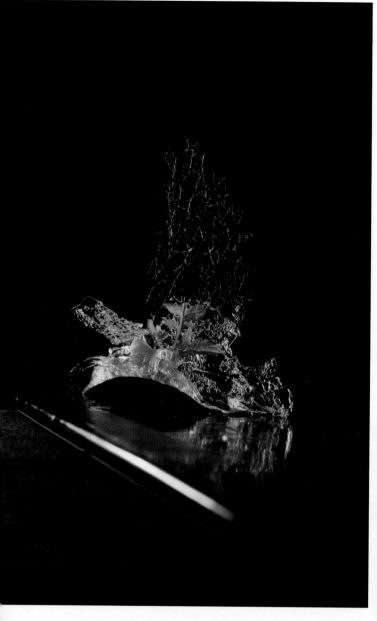

怒 海 一 叶

惊涛骇浪中,有一艘帆船在乘风破浪。

"帆"由海珊瑚构成,这是一种海藻,可以
买到。"波浪"由气泡糖构成,制作时,先烤好
气泡糖,然后再在温热状态下修整出造型;本章
首页的作品《清流》也是这样制作的。

香 橙 水 晶 虾

将甜橙片蘸糖水烤干成片。用艾素水晶糖做
成透明小虾,要表现出虾米扑食、前进的姿态和
动感。

渔 舟 唱 晚

高翘的船头，拱形的船篷，搭配包裹着沙丁鱼的水乡豆腐衣，惬意挥洒行进中的自在。

制作时，可以取一片硅胶，在中间刻去三角形的一块，然后放在不沾垫上，灌糖造型，等糖凝固后取出糖片，趁热在圆柱状物体上弯曲造型。

藤 蔓 葫 芦

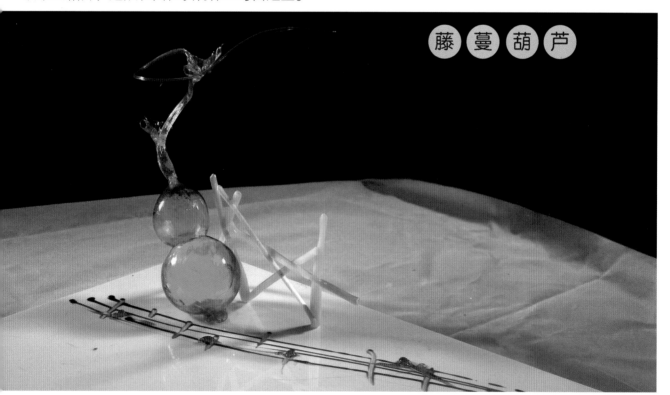

碧绿的葫芦落在花架下面，是不是与"采菊东篱下"有类似的意境？

水 如 意

　　造型设计的原型来源于如意，在简单的结构中体现出传统的美感。通过高低的搭配，营造出错落感、灵动感。

会意桑梓

古代，人们喜欢在住宅周围栽植桑树和梓树，后来，"桑梓"就成了家乡的代称，比如赞扬某人为家乡造福，往往用"功在桑梓"。

桑梓是用红、黑两种糖粒粘接而成。大树干是糖丝筒，在制作时，把糖熬成金黄色，在擀面杖等圆柱物体上浇丝，通过纵、横向地浇，以及控制不同位置的厚度，产生类似树皮的效果。

多种暖色调的搭配，以及松枝的装饰，让作品显得饱满。

鸡飞蛋打

　　作品的关键在于蛋黄、蛋清的制作：把黄色糖体拉亮后揉成球，然后把透明糖体擀成薄片，包裹黄色糖球，一起烤软，再适当整理即可。

清凉一夏

　　鲜香的甜橙片耐不住酷暑，一头扎进清澈的水里。制作时，把橙片在艾素糖熔化稀释液里蘸一下，再用低火烘干保持原色与形状，而后放在高温布上，用艾素糖熔液浇淋出水流样。

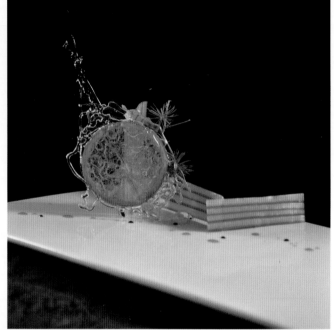

空中花园

　　古巴比伦王妃的思绪在飘扬，空中的花园能否解除她的忧思？作品以传说为设计路线，进行抽象的表现。

浮游

　　气泡用吹球的方法制作。作品让人联想到在水里自由浮游的小生命。

涟漪四方卷

　　用糖丝浇出水面涟漪的形状，可装饰多种菜肴。

凝望

　　如果走得太快，你就会看不到这只蜗牛哦。它在凝望什么呢？

千 层 马 酥

菜品是用马蹄做的千层酥，用简单的糖线条装饰，凸显其美感，其酥软的口感可想而知。

环 环 生 花

形似一对手镯的双环下开出一朵莲花，象征着经得起考验的持久。莲花是用糖粉制作的。

玉 兰 卷

运用国画中的布局特点设计出这款菜品。糖艺的造型要自然灵动以衬托菜肴的美感。

枯 木

把糖的颜色熬至深色，随意浇制成"枯木"。同样还可以表现很多不一样的造型。取彩砂糖做粉色的铺垫，使整个作品的色调提升起来。

秀 甲 山 水

群山峦嶂丛林森，江水东流阅仙境。

利用糖高温焦化后形成的褐色，再协调搭配其他色彩。注意绿色的点缀位置。

八 方 丛 林

亮点在于用八角做树顶，用不同高低的糖杆表现出参差的树林。树林散发着秋日的气息，让人感受到自然的馈赠。

快 乐 烹 调

看来一锅上好的美味就要起锅了，小厨师也在迫不及待地等着尝鲜。专注地做每一件事情会让我们快乐。

第三章
糖粉盘饰

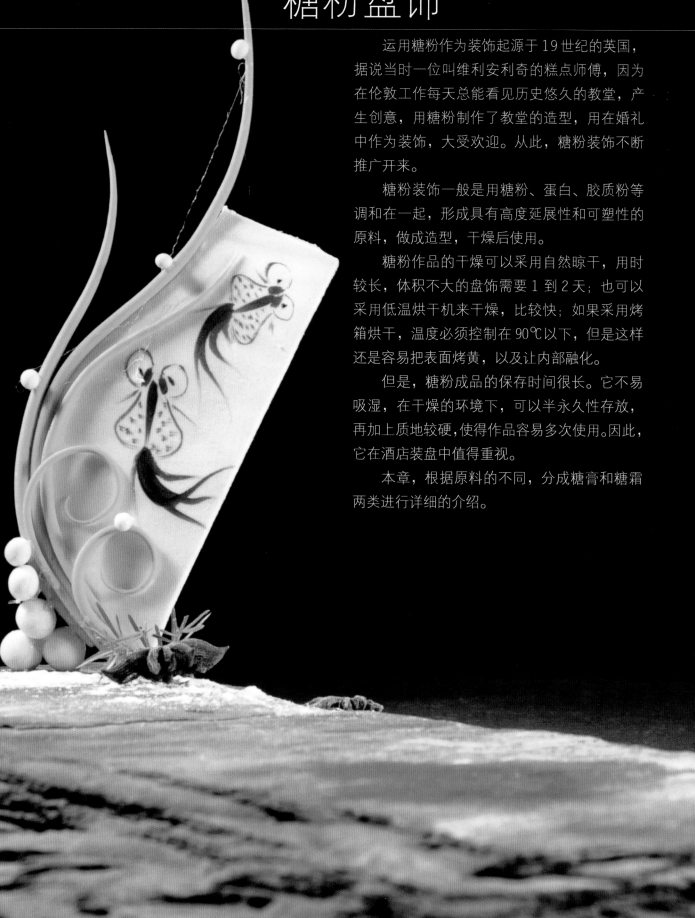

运用糖粉作为装饰起源于19世纪的英国，据说当时一位叫维利安利奇的糕点师傅，因为在伦敦工作每天总能看见历史悠久的教堂，产生创意，用糖粉制作了教堂的造型，用在婚礼中作为装饰，大受欢迎。从此，糖粉装饰不断推广开来。

糖粉装饰一般是用糖粉、蛋白、胶质粉等调和在一起，形成具有高度延展性和可塑性的原料，做成造型，干燥后使用。

糖粉作品的干燥可以采用自然晾干，用时较长，体积不大的盘饰需要1到2天；也可以采用低温烘干机来干燥，比较快；如果采用烤箱烘干，温度必须控制在90℃以下，但是这样还是容易把表面烤黄，以及让内部融化。

但是，糖粉成品的保存时间很长。它不易吸湿，在干燥的环境下，可以半永久性存放，再加上质地较硬，使得作品容易多次使用。因此，它在酒店装盘中值得重视。

本章，根据原料的不同，分成糖膏和糖霜两类进行详细的介绍。

一、糖膏的制备

首先需要调制糖膏，达到可塑性强、延展性高、干燥速度快的特点。操作过程中，需要掌握的是糖粉搓、捏、塑、粘、上色等基本手法，通过简单的造型手法达到最佳的效果。

调制好后的糖粉进行保存时一定要密封，否则糖表面会迅速干皮，影响使用。存放一段时间后，糖粉如果发硬不能操作，放入微波炉以低火加热，即可变软。

（1）配方

防潮糖粉	1000 克（过筛）
超级生粉	500 克
泰勒粉	25 克
鱼胶片	8 片
纯净水	100 克

（2）做法

①将鱼胶片用冷水泡开。

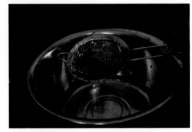
②捞起鱼胶片沥干水。

③另取一小锅，放一些纯净水加热，而后放入鱼胶片融化。

④先将防潮糖粉过筛，避免小颗粒的影响，而后投入大盆中。

⑤放入超级生粉。

⑥加入泰勒粉，然后搅拌均匀。

⑦将鱼胶水倒入混合粉料中。

⑧用手指调和均匀。

⑨用力搓成糖膏即可。

⑩如果需要彩色糖膏，在调和粉料前加入食用色素即可。

二、糖膏作品制作详解

舞 动 映 像

①把白色糖膏在不粘垫上搓成圆锥形。

②用亚克力面杖擀出薄片。

③切除多余角料形成三角形。

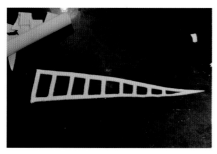

④用美工刀修刻成梯形。

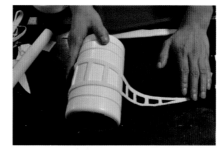

⑤把做好的柔软造型片固定在圆形模具上，入烤箱80℃烤干即可。应用时，使用艾素糖粘接固定。

提示： 进行粘接的时候，不要让糖粉装饰件接触到水或者油，那样会影响美观，并且导致融化。

博士帽

①将糖膏搓成两头细的线条，再摆成 S 形。

②把擀成皮的糖膏切成长方条，缠在圆形模具上做博士帽的底座。

③剩下的糖膏皮继续擀薄，切成小长方形，做书的页面。

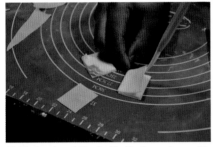

④将长方形糖皮粘接在一起，做成书本。

⑤把做好的零件放入烤箱以 80℃ 烤干。

⑥从作品的底部开始，用艾素糖粘接。

⑦依次组装上各种零件。

提示： 使用糖粉做造型时，其没有添加任何颜色的纯白色也是一个重要的特点，可以表达纯洁、高贵、素雅的感觉。

①把纯白色糖膏搓成蘑菇帽,基本上是一个窝头的形状。

②用黄色糖膏做成蘑菇的茎,可以用细工棒在上面做出纹路。

③将绿色糖膏在细工垫上用尖头细工棒滚压出小碗花。

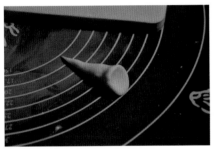

④将白色糖膏搓成蜗牛壳原型。

⑤捏出蜗牛身体,然后和蜗牛壳粘接在一起,做出蜗牛的大体。

⑥将各种小配件在低温烘干机烤干后,用喷机上色。

⑦依次给各个配件喷色,注意颜色一定要均匀细密。

⑧将艾素糖棒烤软后滴在配件上,进行粘结。

⑨组装时,注意各个配件的位置。

提示: 在进行作品上色时,可以把颜色喷涂在分离的配件上,这样组装起来后颜色显得比较分明;也可以在作品组装起来后喷涂颜色,这样可以制造出颜色的过渡,表现出另一种层次感。

镜 花 水 月

①在细工海绵垫上用捏塑棒做出树叶。

②做出黄色的小花。

③将蓝色糖膏擀薄，切成所需的形状。

④搓制两条粉色线条。

⑤粘接两条粉色线条，并摆出造型。

⑥烤干所有零件，依次粘接起来。

提示：镜框也可以用圆形、菱形等形状来表现。粘接的时候，用艾素糖做成的糖棒融化后进行粘接，比较方便。

①在细工海绵垫上将绿色糖膏搓出长水滴形状，而后擀薄。

②用捏塑棒做出自然的边缘。

③在树叶的中间用滚轮刀切出一条缝隙。

④做出小茄子造型和茄柄。

⑤可用低温烤干机干燥各配饰，而后依次粘接即可。

迷你茄

醉花秀菊

①把糖膏搓出两根圆锥形，用刀将底部修切整齐。

②做一根细长的线条，在顶部做出一个细小的卷曲。

③擀出薄的糖皮，用菊花模压出大小不等的菊花。

④把所有配饰烤干，注意不要变形。

⑤使用上色喷机时，先在白纸上试色，避免跑色。

⑥依次为各个配件上色。

⑦把小配件归类放好，然后从底座开始粘接。

⑧依次组装完成。

提示：糖粉的压花模具有几十个品种。做好糖粉造型后，往往还需要在餐具的平面上做搭配装饰，可以用线条、蔬果、花草等元素。

竹荪

①把糖粉擀成薄片，用滚轮刀划出纹路，再做出其他配件造型。

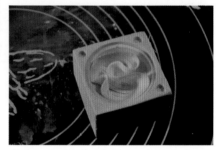

②把画好的圆片扭曲后塞在半球形模具里，做出菌帽的轮廓。

③烘干这些造型后，把竹荪盖喷上紫黄色。

提示： 提前制作好这些作品，上菜的时候直接摆放，效率高。

④对竹荪的茎，在底部喷上一点绿色，然后过渡到黄色。　⑤粘接配件。

三、蛋白糖霜的制备

用鸡蛋清和糖粉混合搅拌，形成的黏稠物叫做蛋白糖霜。它通常由裱花袋挤出的办法来造型，经低火烤熟后使用，造型线条柔和，而且口味酥甜。

（1）配方

鸡蛋清	500克
白砂糖	200克
葡萄糖浆	75克
糖粉	25克
泰勒粉	30克
柠檬酸	5克

（2）做法

①把鸡蛋清和150克白砂糖放在容器内。

②用手持式高速搅拌棒进行高速搅拌发泡，要从各角度均匀地打发。

③把葡萄糖浆和剩下的白砂糖加水烧开，冲入发泡的蛋泡里面，然后继续搅拌。

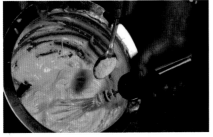

④加入糖粉、柠檬酸、泰勒粉，继续高速搅拌均匀。

⑤当蛋泡的黏度达到可以附着在搅拌棒上不流下的时候，就可以停止搅拌。

⑥准备好裱花袋，把做好的蛋白糖霜装进去，扎紧袋口，准备使用。

⑦在裱花前，需要在承托物上刷一层脱模油，这样在以后才容易取下糖霜作品。脱模油可以用猪油和面粉按1:1的比例放入锅中融化调匀而成。

⑧用裱花袋把糖霜挤出在承托物上做造型。造型做好后，连着承托物一起用低火烘烤，至糖霜干燥凝固，取下使用。承托物是耐高温的布或者模具。

四、糖霜作品制作详解

碗

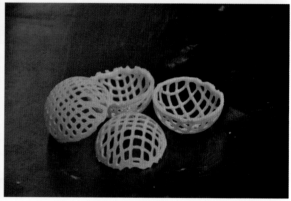

使用六联半圆硅胶模具，抹上脱模油后进行裱线造型。烤干后直接退模就可以。

六联半圆硅胶模还可以做出各种花纹的盛器，用来盛菜和装饰都可以。

镜花肴蹄

①在高温布上抹好脱模油后，用粗口裱嘴裱出粗线条作为框。

②换细口的裱花嘴拉出细丝。画完后放入烤箱烘烤、取下。

香菠酒笋

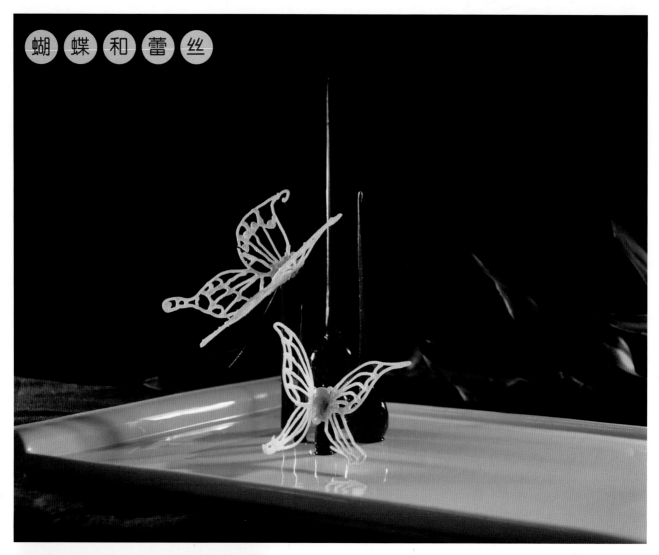

蝴蝶和蕾丝

制作蝴蝶的时候，先把翅膀和身体分开画好、烤干，然后再进行粘接。夏天可以用艾素糖棒融化后进行粘接，冬天用巧克力也可以，比较方便。

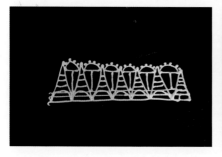
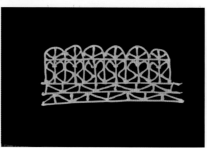

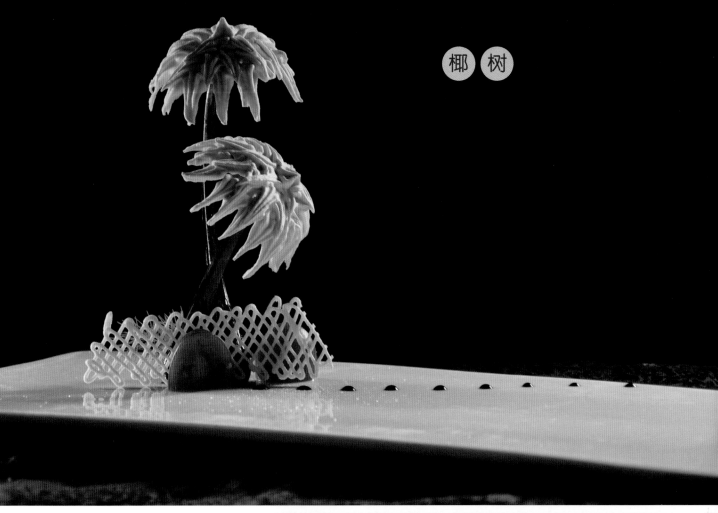

①向糖霜里加入菠菜绿，而后装入裱花袋。

②用多层重复的手法裱出椰树冠，然后烤熟，最后粘接。烤出来的树冠可以根据需要搭配各种树干造型。

五、作品赏析

以下的作品，没有特别说明的是使用糖膏制作的；如果是使用蛋白糖霜的，将作说明。

飞花调

飘絮的花朵漫天飞舞，空灵且高远，让人心旷神怡。

上菜时，适合搭配颜色明亮、鲜艳一点的菜肴。

冬雪小景

　　雪后的景色有快乐、有忧伤，不管什么样的心情都是景色的一部分。雪松的制作要先喷水，再撒上糖粉，这样才能让糖粉粘住。雪花公仔用模具直接压制成。

向阳菊

　　简单的制作手法，可以体现出非常美妙的意境。擀薄糖膏后，用菊花压模直接切出花朵，然后烘干上色即可。

依偎

两心相偎，互相依靠。在平淡中彼此成为相互的依托。

组合时，一个心要高于另外一个心，才能有更加生动的表现。

秋实

花非花

秋菊

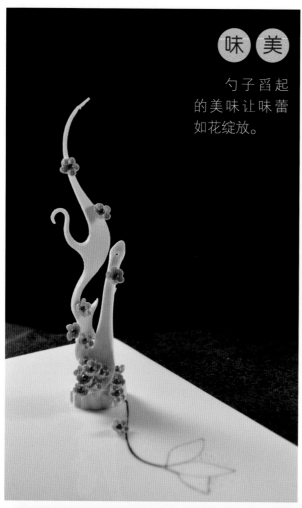

味 美

勺子舀起的美味让味蕾如花绽放。

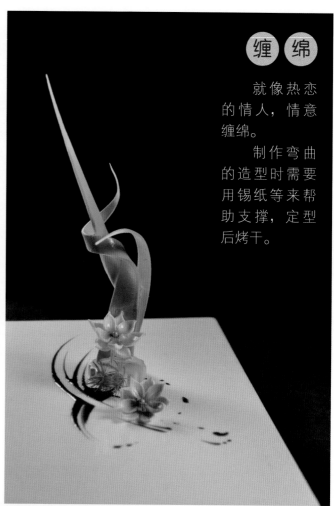

缠 绵

就像热恋的情人，情意缠绵。

制作弯曲的造型时需要用锡纸等来帮助支撑，定型后烤干。

绿 梅 春 意

绿色的梅花，相信大家都没有见过。创意性地用绿色表现梅花，还有特别的粘接组合，意味着春天的到来，别有一番滋味。

奋 斗

克服重重困难，奔向最后的目标。相同颜色的重重呼应是本例的设计特点。

欣 欣 向 荣

花蕾先单独上色，等其他的配件组装、喷色完毕后，花蕾再接上，这样可以让花蕾看起来更加突显。

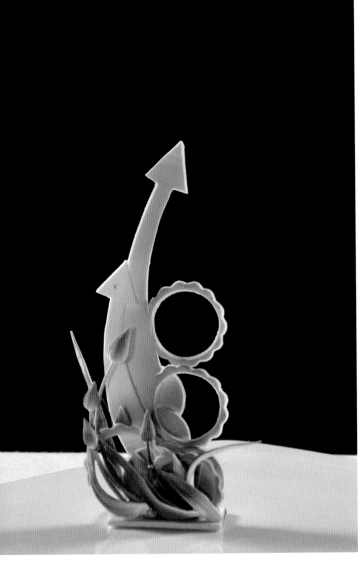

飞 崖 之 雪

雪花正在悬崖前面悠扬地飘落。山崖是用简单的线条抽象地表现出来的。盘面的巧克力酱汁装饰，恰到好处地体现了整体的韵感。

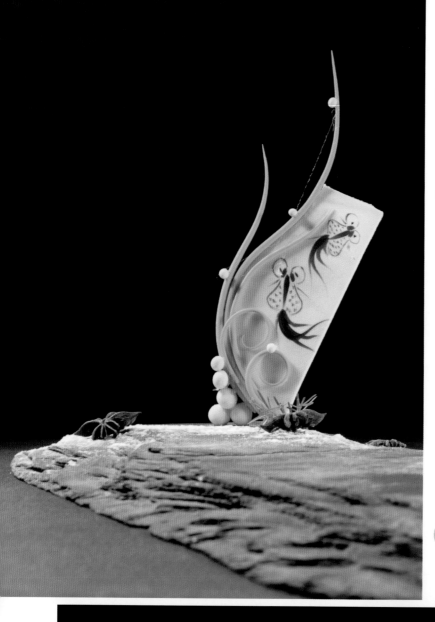

畅 游

　　静谧的湖底，小金鱼在畅游。
　　在糖粉板上，用黑色食用色素以水墨画风格画出小金鱼，搭配层层叠叠的青石，很协调。

悦 动

　　跟随音乐的节拍，扭动柔软的身体。
　　搭配冷菜或者分位菜都是很不错的选择。

江 南 故 事

　　江南水乡典型的灰瓦白墙。透过房屋的花草似乎承载了太多的故事，要向他的朋友倾诉。

　　制作花草时，掌握好树叶的黄绿色彩过渡。

红 墙 牵 牛

　　牵牛花的色调风格要和背景墙一致，产生自然、统一的感觉，而卷曲的藤条则把景物的深度体现出来。

时 光 流 年

斑驳的红墙上，年代久远的时
钟还在滴答地转动，让人生起一股
怀旧之感。墙壁的颜色用红砖的色
彩，才能有过去的味道。

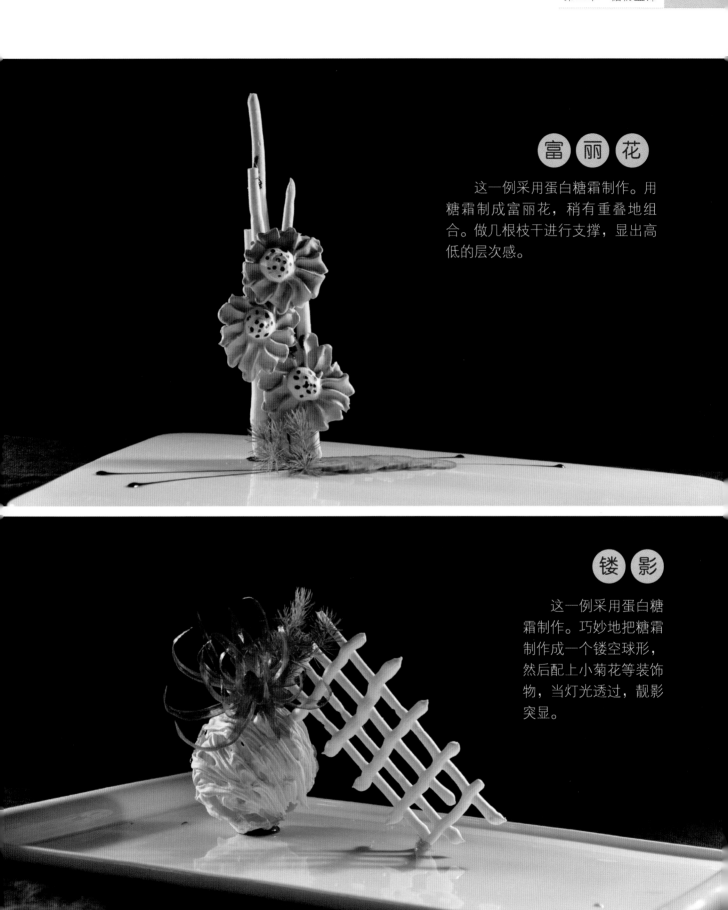

富丽花

这一例采用蛋白糖霜制作。用糖霜制成富丽花，稍有重叠地组合。做几根枝干进行支撑，显出高低的层次感。

镂影

这一例采用蛋白糖霜制作。巧妙地把糖霜制作成一个镂空球形，然后配上小菊花等装饰物，当灯光透过，靓影突显。

锦 绣 花

花朵看似繁冗复杂，其实通过模具可以快速地完成，先制作出大小不同的各层花瓣，再组合粘接。在设计这个盘饰的时候，做得比较通透和有落差感，与花瓣的繁密感形成对比。

刺 野 莓

荆棘丛生的树林，带刺的野莓散落其间。花、叶子都要表现出荆棘感，显出野趣。

第四章
巧克力盘饰

　　用巧克力制成的工艺插件在餐饮业近几年较常见。为了方便，经常是购买做好的成品使用，但这样的话，巧克力的造型能力和质感得不到更大的发挥。为此，下面将介绍自己制作巧克力造型的方法。

　　首先，需要将固体巧克力熔化。最好使用巧克力恒温熔化锅，如下图所示，把巧克力切碎后投入进行熔化，温度调节在 60~80℃。

　　也可以使用隔水加热法熔化巧克力。注意不要把水溅入巧克力，以免产生颗粒与结晶。

　　为了追求光滑的外表和酥脆、细腻的口感，巧克力还需要进行调温：在巧克力熔化后，将其涂刮在用温水预热成 26℃ 的大理石面板上，至降温成浓稠状后，再铲回加热器，再次进行熔化。

　　不要用火直接加热巧克力，那样会导致巧克力中糖的焦化，以及油质的分离。

　　对巧克力做造型时，巧克力的温度一般在 30~32℃，这时它是柔软的；适宜的环境温度是 24℃左右。

　　做成造型后，巧克力需要经过完全冷却，这样表面的光泽更好。

一、制作详解

夹 色 网 管

①把熔化的巧克力装在裱花袋内，在模片纸上先均匀拉出黑色线网，再拉出白色线网。

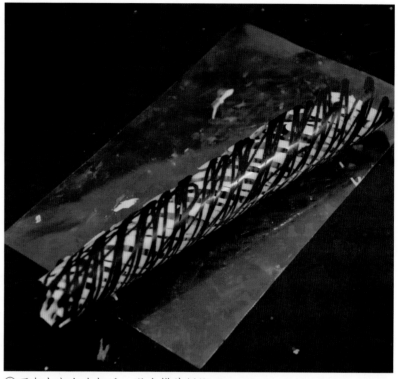

②卷起模片纸套在不锈钢圆环内，放入冰箱冷却。

③巧克力完全冷却后，退去模片纸即可。

梅汁山药

拉 网 碗

①用裱花巧克力在硅胶圆形模具内拉出线条，完成后放入冰箱。

②等巧克力完全冷却后，从模具中取出，即得到巧克力碗，可装饰或盛物。

蜜汁冻枣

印 花 巧 克 力

①用黑巧克力在巧克力造型花纹垫上抹薄薄的一层。

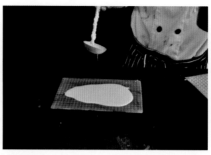

②再把白色巧克力浇在上面。

③用抹刀抹平白巧克力,等表面凝固。

④将分轮刀调好间隔距离,然后推出巧克力造型。

⑤将巧克力放入冰箱冷却后,把巧克力面向大理石,与造型花纹垫分离。

古法肴蹄

夹色三角

①将黑巧克力酱在透明模片上用抹刀抹匀。

②用刮齿板刮出纹路。

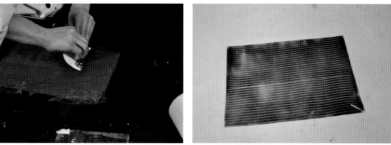

③刮好后，将模片四周整理干净。

④再抹上一层白色巧克力，等表面凝固。

⑤用刀划出三角形。

⑥放入冰箱冷却后，撕去模片纸。

白切羊羔肉

羊 角

①将黑巧克力模片用刮齿板刮好纹路，然后用白巧克力覆盖一层。

②用刀划出长条形，再划对角线分成细长三角形，但不要划断。

③把模片卷成螺旋状固定。

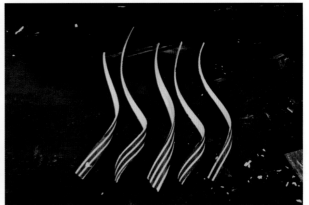

④放入冰箱冷却后，取下模片，抖散巧克力分出即可。

大卤豆干

巧 克 力 网 片

①将网片模具放置在大理石上，浇上黑巧克力，再用抹刀抹平。

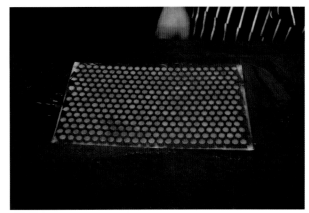

②等待冷却。

③退去模具即可。

叉 烧 鳗 排

锥 管

①将模片纸卷成圆锥形，用胶带粘住。

②将巧克力灌进去，均匀地附着在表面，再将多余的巧克力倒出。

③巧克力冷却后，撕掉模片纸，注意手不要碰到巧克力，以免影响亮度。

冰鲜笋丝

巧 克 力 棒

①将大理石用温水调温，然后抹干水分，把白巧克力放在上面，用抹刀来回推匀。

②将抹好的巧克力平面用铲刀修出规整的块面，再用刮齿板刮出纹路。

③再抹上一层黑巧克力，用铲刀修整两边。

④将平口铲刀放在巧克力面上成60°。

⑤双手握住刀柄，用力向前推，必须保持刀口的施力平衡。待巧克力完全冷却后收捡在一起。

清口火龙蜜

巧 克 力 纹 棒

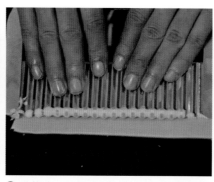

①用做巧克力棒的手法抹出粉色巧克力面胚。

②再抹上一层白巧克力，要有足够厚度，然后用波浪铲刀在面上横向推出。

③推出巧克力棒后先不要移动，以免变形，要让其自然冷却。

巧 克 力 圆 扇

①在大理石上抹黑色巧克力，待表面凝固，修整整齐，再用刮齿刀刮出纹路。

②再抹上一层白巧克力，来回抹平。

③将铲刀与面胚边缘成40°，手指压住铲刀的一侧，将铲刀沿圆弧路线推出。

④因为在手指压住的地方，被铲起的巧克力受到阻力，不能舒展开，于是形成了扇形。

⑤整理造型成完整的巧克力圆扇。

马 蹄 莲

①在抹好的白巧克力面胚上修出大桃形。

②手指压住铲刀一端，迅速推出，形成桃形片。

③把桃形片的边角捏在一起，做成花锥形。

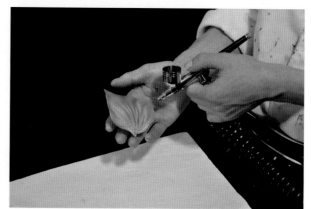

④用喷色机均匀地上色。

爽口小萝卜

烧汁烤鳗

蒜香凤爪

小菊花

①将白巧克力在大理石上面抹好后，修切成锯齿状。

②用手按住铲刀一角，迅速地直线推出。

③趁热将推出的巧克力整理成花形。

④用喷机给花心上色，即成红心菊花。

⑤也可以使用其他色彩，用毛笔点上花点。

茴香板酥鸭

圆 角 花

①在抹好的白色巧克力面胚上，用铲刀修出3个小半圆。

②指压铲刀一端，将铲刀沿直线迅速推出，铲出花片。

③捏成花坯。花坯需要做多个，有的较收拢，有的较展开。

④选取两个花坯组成花朵，蘸取融化的巧克力粘接。

⑤用冷却剂迅速冷却定型。

⑥喷机试色后，均匀地喷上色彩。

⑦用毛笔蘸取食用色素在花瓣上描出纹路。

香菠熏鸭脯

二、作品赏析

金瓜丝外观原本平淡无奇，运用主菜的黄色，搭配花心的绿，再点缀以巧克力玉兰的白色，显得纯洁、雅致和活泼。

巧克力刨花（碎）在盘饰中也是一种非常特殊的元素，蓬松就像雪地，是用巧克力刨刀在巧克力上刨出来的。也可以把巧克力刨花洒在一些口味较甜的冷菜或点心上面。螺旋线条的制作，是把融化的巧克力涂抹在塑料膜片上，用刀切成条，然后把膜片卷起来，在巧克力冷却后脱模而成。

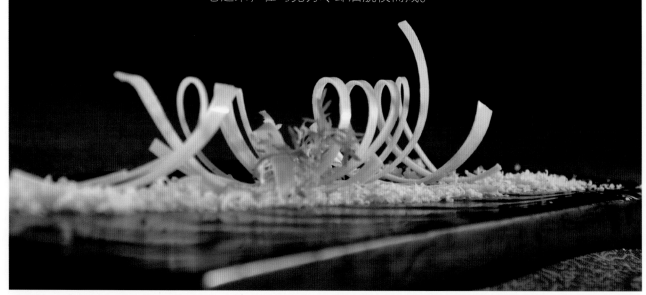

海 珊 瑚

　　用苦味巧克力做成的黑色珊瑚礁惟妙惟肖。只需要把巧克力滴在透明的玻璃纸上面，用手划出线条，凝固后取下玻璃纸即可，没有严格的温度要求。

珊 瑚 脆 笋

　　用手指蘸巧克力，在玻璃纸上划出很多带分叉的线条，待巧克力完全冷却之后再粘接在一起。可以根据菜肴的色彩来选择巧克力的颜色以实现搭配。

色 拉 屏 风

　　蜀宝、青橄榄、甜柚组成的清爽色拉，搭配小屏风，给人轻松的感觉。

　　在透明模片上抹上巧克力并冷却后，用刮齿刀拉出纹路，然后再用一些巧克力抹出屏风的边缘，用刀裁下屏风，趁热弯曲，冷却后使用。

唇 香 咸 鸡

　　用与制作夹色三角类似的手法，做成中空的橄榄型，在巧克力未完全冷却时，将造型卷在圆管上，待冷却后，拆下使用。

养 生 双 宝

这道菜是正宗土鸽蛋搭配黑大蒜，在养生的同时也要养眼。制作时，在模片上抹一层白色巧克力，用刮齿刀画出条纹，再卷在圆桶上冷却定型。

红 酱 鸭 舌

酱鸭舌的摆放造型一直是一个问题，因为形态比较散乱。使用巧克力圈来收拢菜肴，再加稍许绿色植物的点缀，显得有序、清新。

老卤鹅膀

用瓦片巧克力来模拟双子楼，简约、时尚。制作时，用椭圆形钢切模具切出椭圆孔，再卷曲定型。

尤溪手剥笋

玲珑又剔透的几何装饰，与手剥笋有几分神似。在制作时，用椭圆形钢切模具切出大小不一的椭圆孔，注意椭圆孔的大小与分布，这直接影响美感。固定时，加热餐具局部到50℃，将造型粘接上去。

第五章
酱汁盘绘

　　酱汁盘绘就是用果膏及酱汁类材料做的一种盘面装饰，它可以单独成为一个盘饰作品，也经常与其他材料配合形成一个盘饰作品。

　　酱汁盘绘的制作很方便，可以利用厨房里平常的物品来进行，比如，颜料可以用老抽、巧克力酱、沙拉酱等，画笔可以用牙签、筷子、大葱、酱料刷、裱花袋或者手指。本章介绍的"手指画"就是这样的画作。除此以外，还可以使用一些专门的工具来创作。

一、颜料和工具

酱汁盘绘可以因地制宜地利用各种材料、工具，此外，也可以专门准备"颜料"，以及购买专用的"画笔"。下面为大家介绍比较有代表性的几种。

1. 调色果酱

这是把果膏和食用色素、水调和后形成的酱料，如下左图。

2. 可调式酱汁笔

这种笔有不同粗细的笔头可以更换，画出不同粗细的酱汁线条，如下中图。

3. 食品专用毛笔

这是专门用来做食品画的毛笔，不掉毛，质地柔软。有大、中、小号，以及圆头、扁头之分，如下右图。本章第三点介绍用这种笔进行的创作。

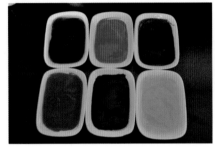  

调色果酱　　　　　　　可调式酱汁笔　　　　　　　食品专用毛笔

4. 木纹梳

木纹梳是一种多用的工具，它的一面有木纹，一边为梳状，利用这些界面蘸取酱汁，在盘面印或者划，可以画出造型不同的图案。

 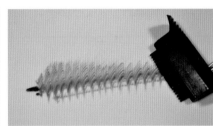

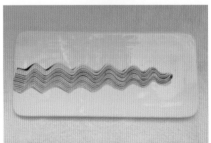 

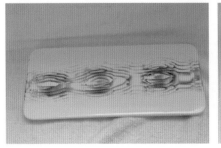 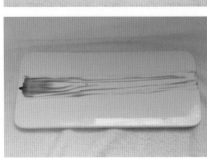 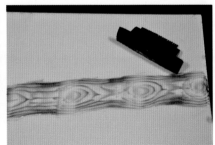

5. 食品画笔

食品画笔是专门用来在食物或者食物容器上画画的，视觉效果就像水彩笔一样，但是里面的颜料都是可以吃的。目前笔者见到的这种画笔主要是进口的。在以小朋友为主要就餐对象的时候，可以画一些色彩丰富、图案可爱的盘饰或者饼干画，来赢得他们的喜欢。

二、线条造型

在制作酱汁盘绘的时候，线条是一个非常重要的装饰元素，应该做到流畅、自然。下面给出了一些基本的线条造型。它们可以使用酱汁笔、可调式酱汁笔、裱花袋等工具来画。

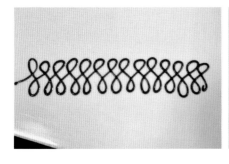

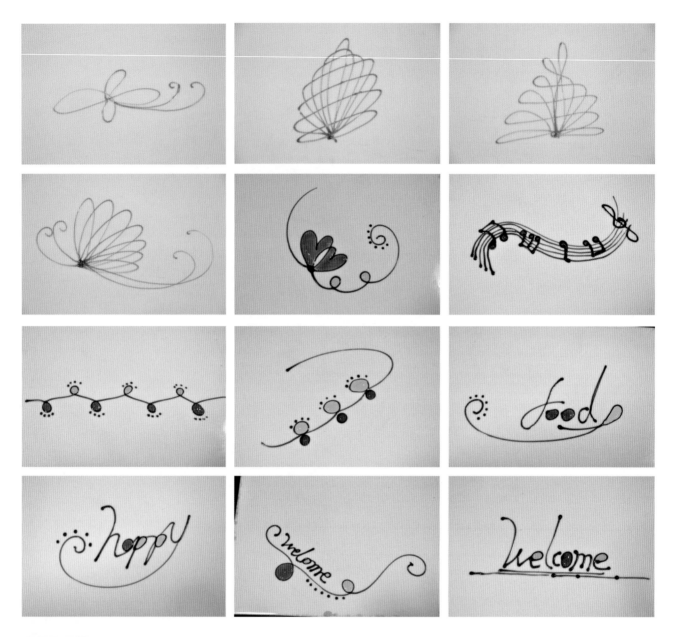

三、毛笔画

这里介绍的盘绘主要是采用食品专用毛笔来进行的。

 梅

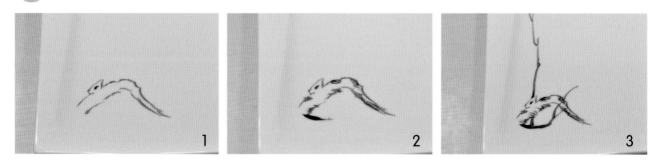

所有树梢的方向都应该是向上的。用红色果膏点画出梅花，大小梅花的位置随意画出。

兰

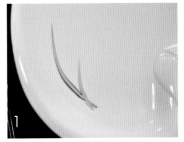

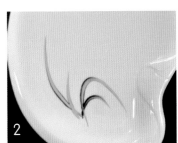

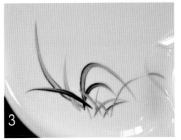

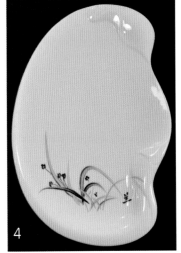

叶片要自然地垂落。红色的小花数量不要多，要简单清爽的效果。

竹

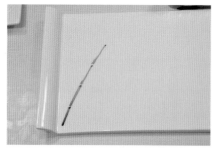

①用中号圆头笔画出竹竿，每个竹节两头略粗、中间稍细。

②用小号圆头笔接着描绘另外两根竹子。

③使用可调式酱汁笔的细口，画出竹枝，注意各线条方向的协调。

④用小号圆头笔画竹叶，叶片基本上是相互交错的。

⑤画好所有的竹叶，注意表现出迎风面和背风面。

⑥用黑色果膏再重叠勾画竹叶，产生层次感。

菊

   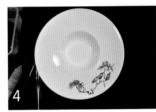

　　在描绘菊花的时候一定要注意花瓣层次的关系，花心是紧凑的，外围花瓣逐渐地展开。花朵之间的疏密关系也应注意。

   紫藤花

4

5

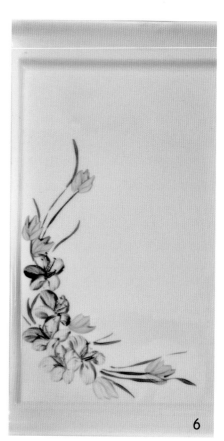

6

泥 鳅

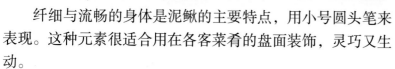

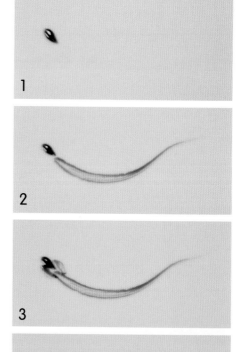

1

2

3

4

    纤细与流畅的身体是泥鳅的主要特点，用小号圆头笔来表现。这种元素很适合用在各客菜肴的盘面装饰，灵巧又生动。

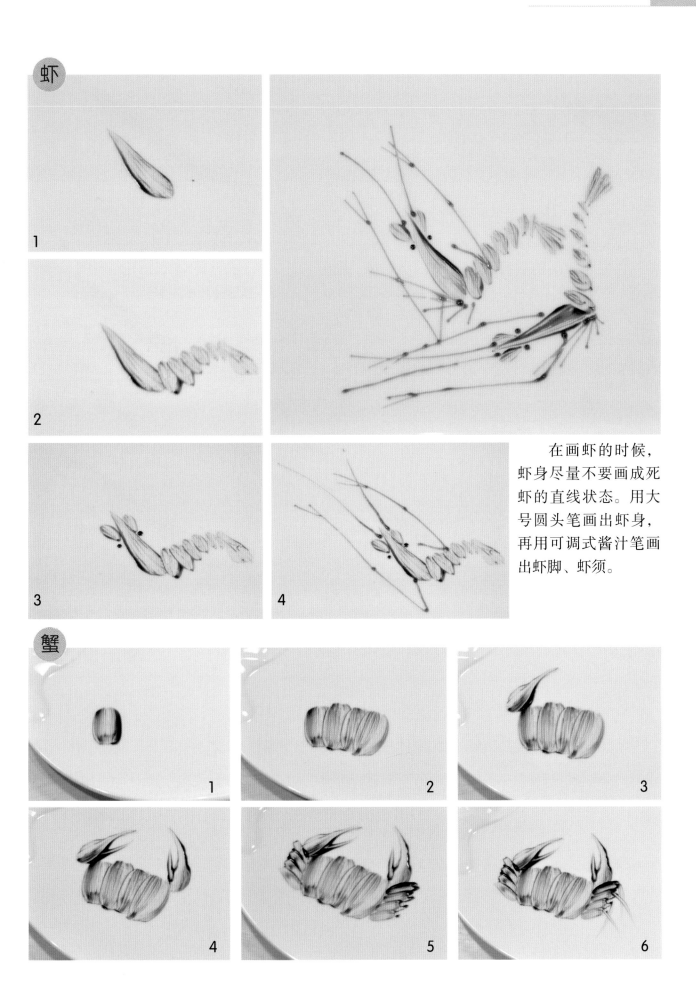

虾

在画虾的时候，虾身尽量不要画成死虾的直线状态。用大号圆头笔画出虾身，再用可调式酱汁笔画出虾脚、虾须。

蟹

103

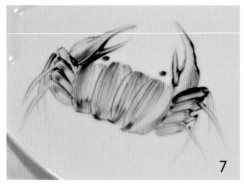

7

　　螃蟹身体是用大号扁头笔画出四片色块，蟹脚用中号扁头笔和小号圆头笔来描绘。

金鱼

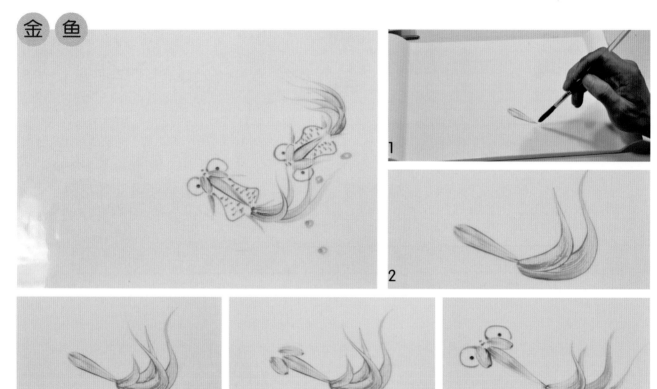

1

2

3

4

5

　　金鱼主要使用中号圆头笔来画，身体是直线型，尾巴呈漂动状态。用一只小金鱼来点缀菜肴，效果也是不错的。

鹤

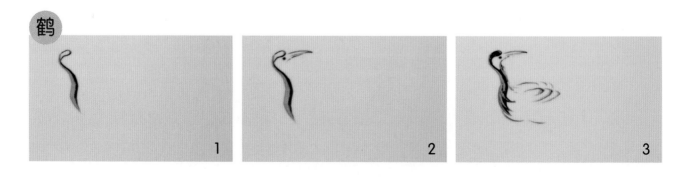

1

2

3

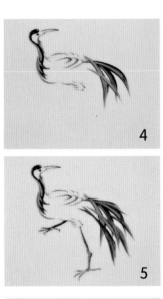

4

5

6

仙鹤的嘴和脚用可调式酱汁笔来画。

骏 马

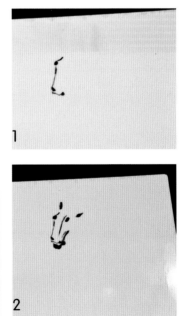

1

2

画马的时候要注意线条的简约，抓住马在奔跑时的形态特点，用简单的几笔来表现神态与姿势。中国画主要追求的是神似，在形方面可以有所简略。

藤 条

荷

蝴 蝶

红 辣 椒

孔 雀

牵 牛 花

四、手指画

　　手指画就是以干净的手指为主要的画笔，蘸取酱汁来创作。

　　手指画对工具的要求很低，颜料多使用黑色的酱汁，在白色的盘面上作画，因此，很适合随心所欲的表达，易有传统中国画的风格，出品的速度也很快。

　　手指画侧重意象的表现，不必刻意追求作品的详细构图。如果多看、多想、多练习，是不难画出好作品的。

玉 龙 呈 祥

年 年 有 余

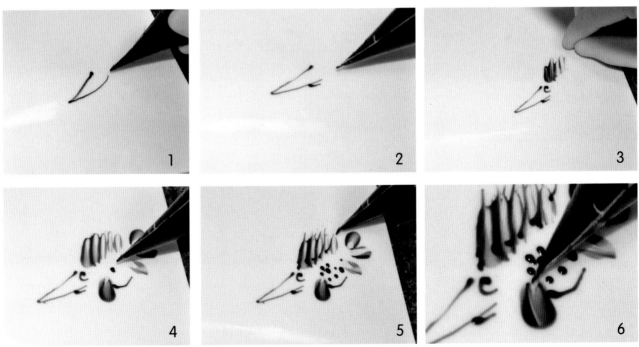

蟹 行 天 下

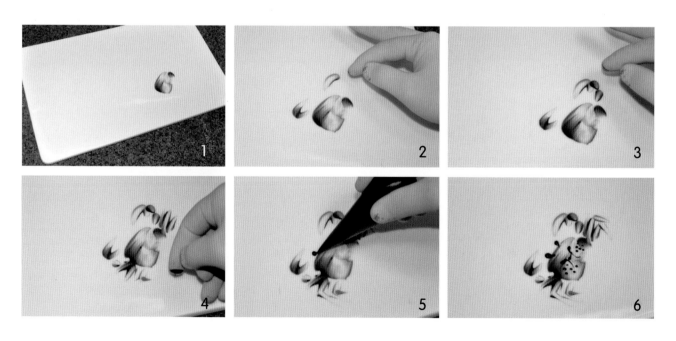

嬉

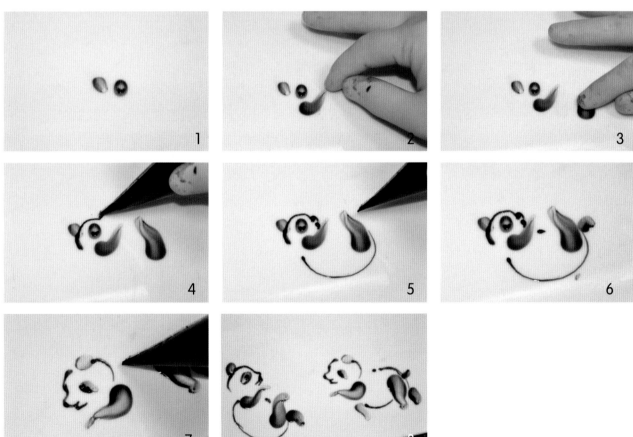

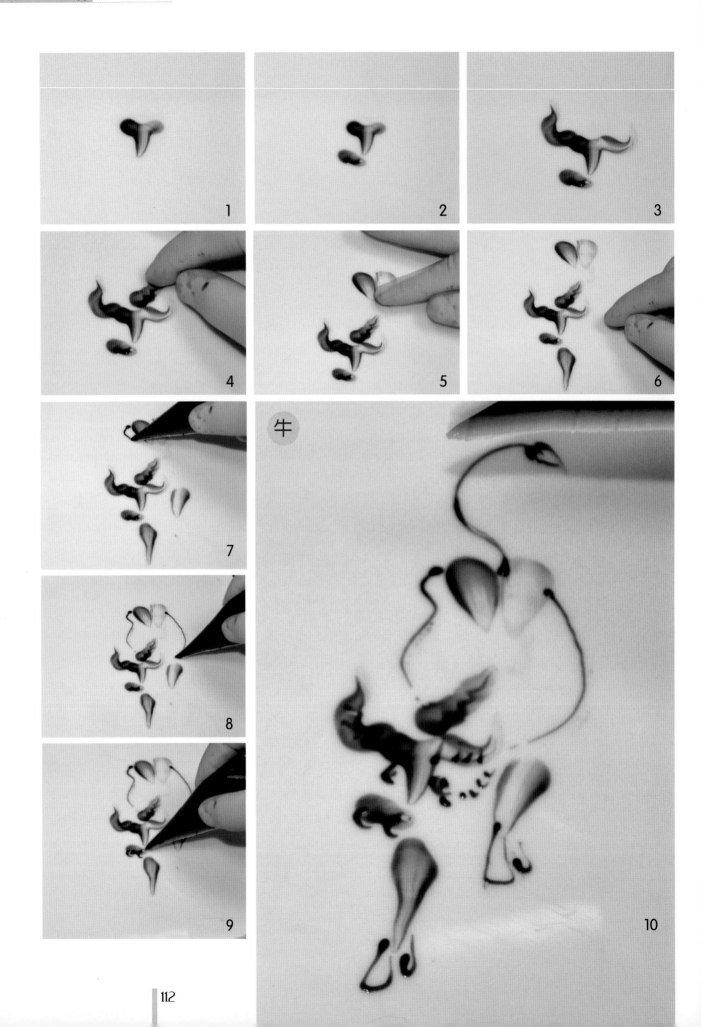

牛

母　子　情

情

荷 塘 月 色

梅

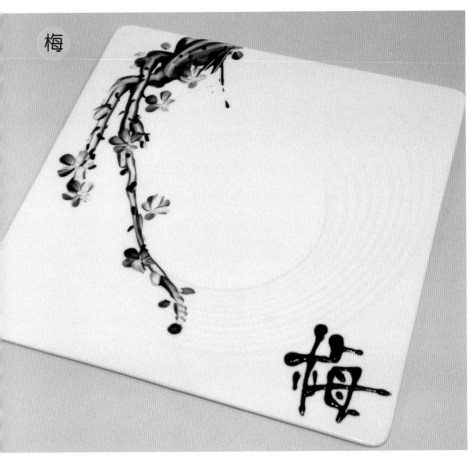

兰

竹

菊

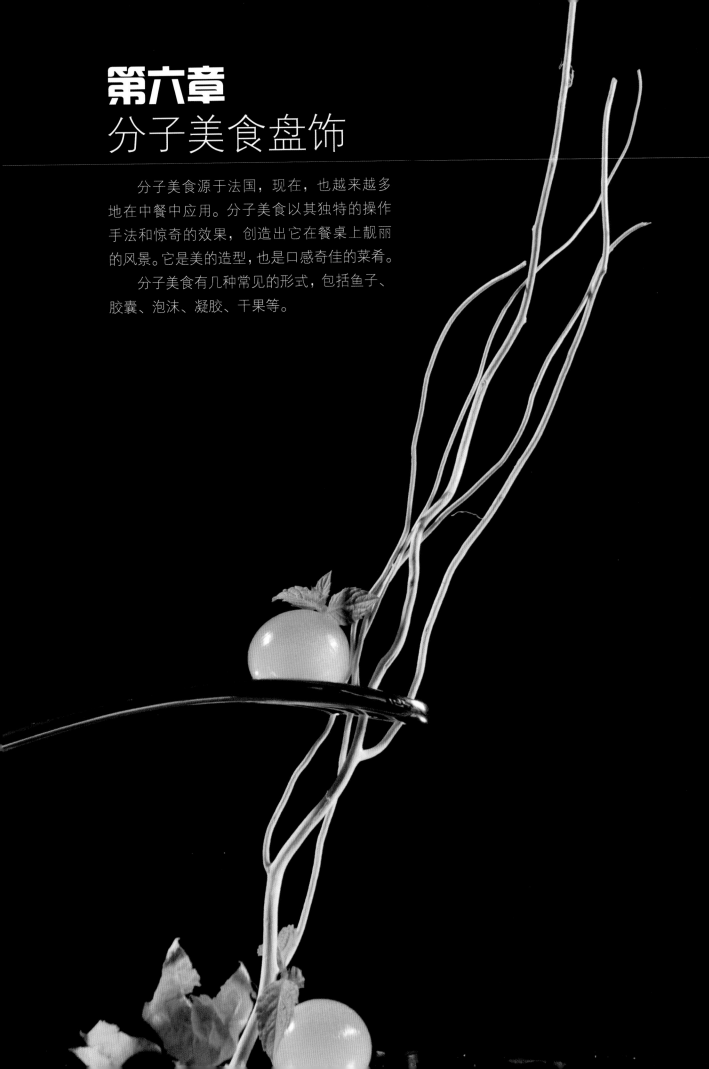

第六章
分子美食盘饰

分子美食源于法国，现在，也越来越多地在中餐中应用。分子美食以其独特的操作手法和惊奇的效果，创造出它在餐桌上靓丽的风景。它是美的造型，也是口感奇佳的菜肴。

分子美食有几种常见的形式，包括鱼子、胶囊、泡沫、凝胶、干果等。

一、工具和原料

　　制作一个分子美食的盘饰作品，用到的烹饪原料和工具并不会太复杂。有的人会觉得进口的原料成本太高，那么可以考虑购买国产的原料，效果相似。

　　下面，我们先来认识一下分子美食中简单、常用的工具与原料。

真空机

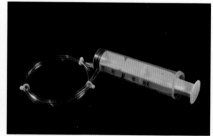

冷面注射器

鱼子滤勺

量勺

高速搅拌器

烟熏枪

果味糖浆

各种蔬菜果汁

进口分子原料

国产分子原料

二、制作详解

木 瓜 胶 囊

　　胶囊的原料可以是各种汁液，汁液可以是用来调味的，也可以是用来单独食用的。比如甜品菜肴可以用玫瑰糖浆、薄荷汁、蓝莓汁等；冷菜菜肴可以用芥末汁、酱油汁、红醋汁等各种调味汁；热菜可以将各种菜品的汤汁做成胶囊，如黑椒汁、鸡汤汁、鲍汁等。在胶囊食用的时候，把外表皮戳破，让汁液流出来。胶囊不仅可以做菜肴的装饰和搭配，也可以独立做成菜肴。

①制作200毫升的木瓜汁，再加入2.3克的海藻胶。

②用高速搅拌器搅拌均匀。

③放在真空机内抽净空气。如果不做这一步，成品胶囊的顶端常会有气泡出现。

④用1000毫升水和6克钙粉配成钙水。

⑤将木瓜汁装入酱汁壶，挤在量勺内，稍许摇晃后放入水中。

⑥做好的胶囊应该是表皮光滑、形状浑圆的。

玫瑰鱼子

①取玫瑰糖浆200毫升。

②用克秤称量海藻胶2.5克（也可以用国产海藻胶）。

③将海藻胶倒入玫瑰糖浆，用高速搅拌机搅拌均匀。

④将调好的海藻玫瑰汁放在真空机内抽干空气。

⑤用1000毫升纯净水加6克钙粉形成钙水。把海藻玫瑰汁倒在鱼子盒内，汁在盒底通过孔洞不断地滴落，落在钙水中形成"鱼子"。

⑥也可以用芥末、胡萝卜、南瓜等做成不同的鱼子，根据各自的口味和色彩，搭配在不同的菜肴中。鱼子是菜肴的装饰，更重要的，它是可食的菜肴的一部分。

雪 宝 顶

①准备1000毫升的胡萝卜汁，再取5克卵磷脂加入。

②用高速搅拌棒呈斜角搅拌至起泡。

③泡沫需要静置1分钟以让水沥下，然后舀起来。

④把泡沫倒在需要的地方。图中是倒在一个倒扣的杯子的底部。

　　制造泡沫的技术可以应用到很多不同味道的汤汁上，不仅造型惊奇美观，而且在口味上作为主菜的一种辅助，也是非常不错的。

紫梅蜂蜜脆

①将蜂蜜粉倒一些在高温不沾布上。注意倒完后要及时封住罐口，因为蜂蜜粉易潮。

②放入烤箱烘烤。

③将烤好的蜂蜜粉趁热折弯，形成造型。

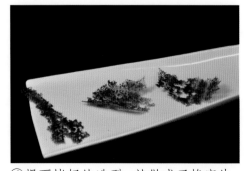

④揭下烤好的造型，就做成了蜂蜜片。

爽脆的蜂蜜片搭配蓝莓汁和牛奶胶囊，是一道赏心悦目的甜点。

脆衣罗兰

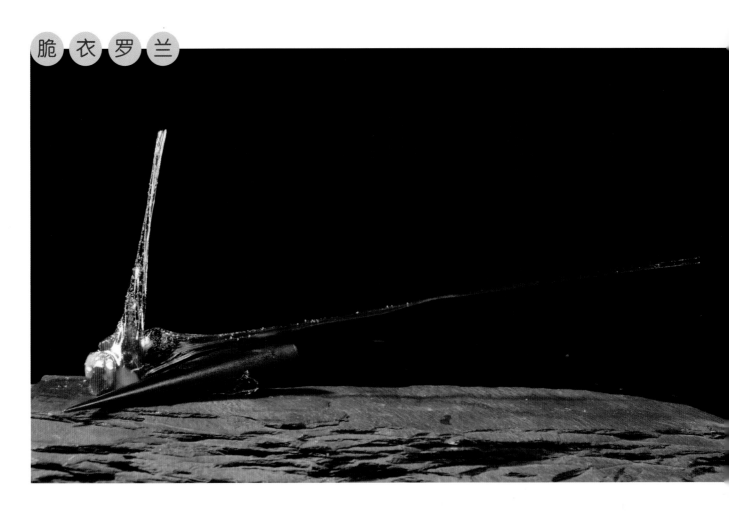

①把艾素糖熬化，再降温至125℃左右。

②取一个不锈钢圈，将其一端在糖液里面浸一下取出，自然形成一层糖膜。

③把水果从另一个钢圈口放进去，再拉出来形成薄薄的糖衣即可。

　　这种方法不仅可以包水果，也可以包各种菜品，或者是橄榄油之类的液态物，会形成各种效果不一的造型。

①将南瓜蒸熟、打成茸，形成南瓜泥100毫升；称量卡拉胶2.4克。

②把卡拉胶和南瓜泥混在一起，用高速搅拌器搅匀。

③把泥肉倒入锅中，往电磁炉上烧开。

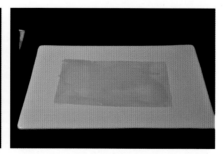

摊开后的胶皮，也可以直接改刀做成面条形状。这也是不错的创意。

④把煮好的泥肉倒在平面餐具上，用抹刀抹成薄片。

⑤修整做好的南瓜胶皮，包上食材，就成了具有南瓜风味的凝胶卷。

三、作品赏析

玻 球 蜂 蜜 片

蜂窝状的玻璃球和蜂蜜片放在一起，两者的主题元素相切合。

小 番 瓜 胶

把南瓜胶浇在番茄上面，再自然洒落一些黑橄榄碎作为点缀。透亮的番茄吃出南瓜的味道，平淡的菜肴增加一份别样的口味和色彩。

南瓜胶的做法见第 124 页，它在热的时候是液态的。

白 玉 珍 珠

运用黄原胶将芦荟汁增稠，这样，投入其中的牛奶鱼子就保持悬浮，在光线的透射中有如珍珠。饮料的口感清新，像雨后甘露，跟油腻的菜肴组合是很不错的。汁液和鱼子的材料都可以改变，比如可以用柠檬汁、薄荷汁、清鸡汤等来悬浮各种材料的鱼子。

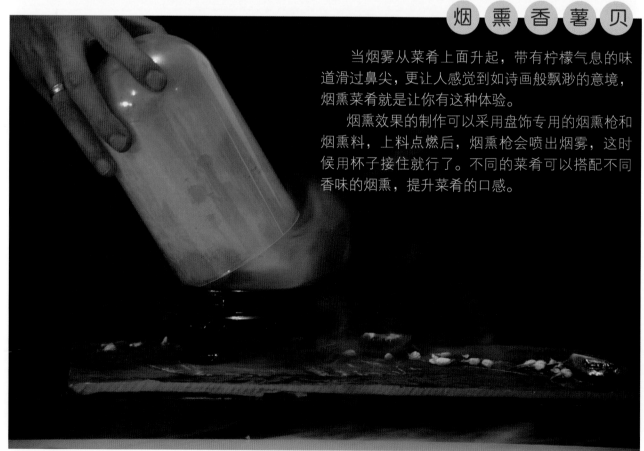

烟 熏 香 薯 贝

当烟雾从菜肴上面升起，带有柠檬气息的味道滑过鼻尖，更让人感觉到如诗画般飘渺的意境，烟熏菜肴就是让你有这种体验。

烟熏效果的制作可以采用盘饰专用的烟熏枪和烟熏料，上料点燃后，烟熏枪会喷出烟雾，这时候用杯子接住就行了。不同的菜肴可以搭配不同香味的烟熏，提升菜肴的口感。

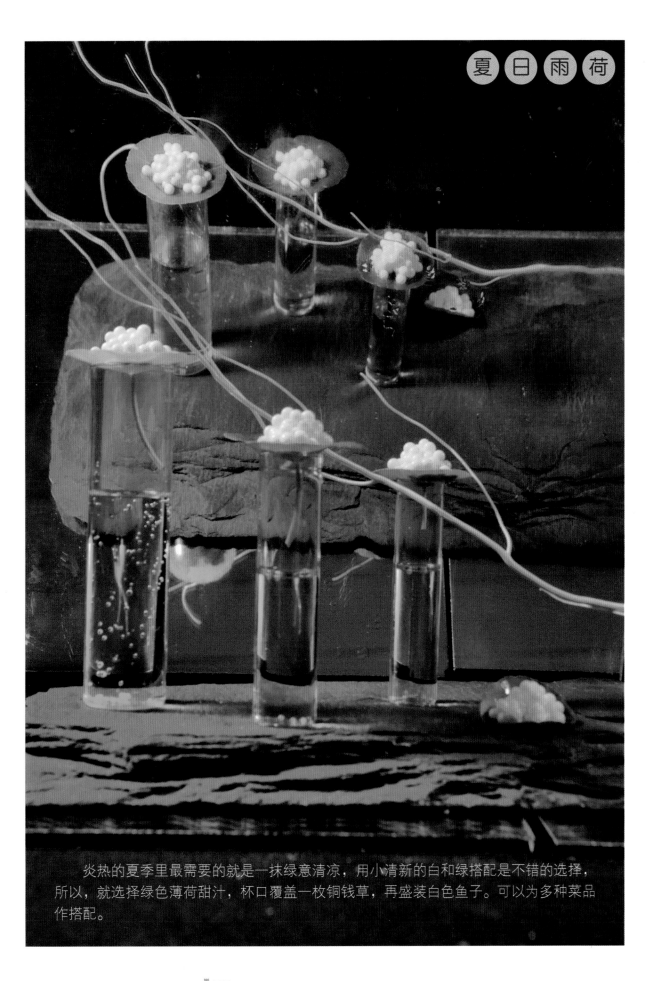

夏日雨荷

炎热的夏季里最需要的就是一抹绿意清凉，用小清新的白和绿搭配是不错的选择，所以，就选择绿色薄荷甜汁，杯口覆盖一枚铜钱草，再盛装白色鱼子。可以为多种菜品作搭配。

甜 蜜 情 怀

在每个人的心里都有一段粉红的故事，像草莓一样甜蜜，像水晶般让人爱惜。用草莓汁做的面条配上薄荷鱼子，盛装在紫罗兰糖碗里，让人感觉清新又甜蜜。

制作水晶面条的步骤如下：

（1）将草莓榨成汁，再用真空机抽气，形成粉色透明的液体。

（2）将草莓汁和卡拉胶混合、加热，形成胶状物（和第124页制作瓜胶类似）。

（3）将热的胶体装在注射器里，向冷水中推出，就形成了面条状。

制作紫罗兰糖碗的方法是：

将紫罗兰糖和艾素糖一起熬制熔化，倒进碗形硅胶模具，冷却后退出模具。

柠檬泡沫泰味排

泰式风味的素仔排通过别出心裁的装盘造型来夺人眼球，再配上柠檬味泡沫，菜肴的口味得到了更好的体验，整体的造型也别致清新。

泡沫的做法见第 121 页。

红色的圆球是小番茄，将新鲜小番茄用刀划开表皮，放入开水中烫一下，取出后，将表皮撕起，再放入烤箱烤干，就成了小番茄花。

看到的是黄色的水晶面，吃到的是新鲜甜橙的口味。水晶面的制作技术在前面两页做了说明，它在这里与烤成的小番茄花搭配，使作品更具层次变化。

茄花水晶面

移 山 造 石

　　在劈开的山上，石材被不断地开采出来。作品选取千层岩作为装饰背景，用牛奶胶砖和紫罗兰糖片做主景摆设。

　　牛奶胶砖的制作和第124页制作瓜胶类似，在本例中，采用牛奶和卡拉胶混合、加热，而后，需要倒在一个较深的容器中，冷却后取出凝胶，改刀成形。

千 层 三 文 鱼

　　同样的三文鱼，同样的芥末加酱油，不同的是，三文鱼用低温慢煮，芥末做成鱼子状，一起盛放在深沉积淀而成的千层岩上面。探寻美食秘密的同时，也是放松欣赏的过程。

惹火黄姑娘

　　当菜肴盛放在时令的黄姑娘浆果旁，伴随着"她"飞舞的"裙裾"，会像火一样点燃人们的激情。

　　酸甜可口、营养丰富的黄姑娘，其品质属东北产的比较好。它在每年的 7~8 月果实成熟，果实常温保存期在 1 个月左右，冷藏保鲜可以达到 3 个月。果实成熟后表皮呈干衣状，包裹着里面鲜嫩的果肉。在盘饰中使用时，剥开果实的表皮，翻起呈裙裾状，然后将果肉向下的部位切平，放在餐具上，再配上紫罗兰糖点缀即可。她还有一个"妹妹"红姑娘，情况类似，所不同的是颜色为红色，成熟期晚 20天左右。

第七章
其他类盘饰

任何食材元素都可以被应用来制作盘饰。

在前面介绍的盘饰以外，本章再介绍其他一些盘饰类型，根据主要材料和手法分为烘焙类、果蔬类、鱼皮类以及粉末转印类。

一、 烘焙盘饰

用烘焙食品做成的盘饰亲和感较强。自己动手进行烘焙并不太难，可以创作出新颖的效果。

烘焙食品中的元素是很多的，下面我们具体展示用蛋白饼、泡芙、艺术面做的作品。这三者的不同是：蛋白饼在烤熟后处于高温时是柔软的，可以进行弯曲造型，此外，它的口感比较脆，比较甜；其他两者在出炉时都是硬的，其中泡芙在生的时候是浆状，可以用裱花袋做造型；艺术面的质地比较硬，适合做复杂结构的造型。

1. 蛋白饼

制作蛋白饼使用的配方是：

低筋面粉	200 克
糖粉	200 克
黄油	200 克
蛋清	200 克

把黄油熔化后和其他材料混合，搅拌均匀形成面浆用于造型。可以添加可可粉、番茄粉、芝麻、杏仁等多种材料来丰富蛋白饼的口感与颜色。

面浆的造型主要在硅胶不沾垫上进行，可以把面浆抹平后进行切割，也可以用裱花袋挤出面浆来造型。造型做好后，连着硅胶不沾垫一起放入烤箱（硅胶不沾垫可以耐两三百摄氏度的高温，可以烘烤），烤至造型呈金黄色时取出。

烤熟的蛋白饼在高温时是柔软的，在取出烤箱后，会在大约 5 秒钟内冷却变硬。作品中如果有立体的结构，就在这段时间内立即制作，可以将蛋白饼缠绕在擀面杖、钢杯等物上，待其冷却后形成造型。

栅栏

金色的手镯点缀着让人看到就想吃的爆鱼，这样摩登的搭配，更加地刺激食欲。

玉　檀　香

螺旋形在做好时只是平面的，把它夹在杯口后，受重力影响自然拉开呈弹簧状。

鲜蔬腌白虾

客上辣牛

峰峦

盘旋的山路，参天的大树。三角形的蛋白饼烤好后裹在擀面杖上定型，以简单的造型营造出山峰的意境。

香干马兰

饼干和马兰头拌香干的外观形成很好的互补。

肉质嫩竹笋

装饰饼干和苦菊作简约的搭配，让人感觉轻松。

2.造型泡芙

制作造型泡芙使用的配方是：

低筋面粉	100克	盐	5克
黄油	35克	水	130克
鸡蛋	2个		

先将水、盐、黄油混合，放在炉上加热至沸腾；然后关为小火持续加热，把低筋面粉放入锅内不断搅拌，直至锅壁光滑干净，锅内材料均匀混合形成一个面团；取出面团放入搅拌机，再加入鸡蛋，匀速搅拌至充分混合，就形成了面浆。

待面浆冷却后，可以装入裱花袋进行造型。

幸 运 结

暖色调在这里的运用洋溢着浓浓的中国风，寓意吉祥与幸福。

幸运结插在下面的黑色的盘饰定型膏上实现固定。盘饰定型膏的黏性很强，主要成分是可可粉、糖浆等，可以食用，市面有售。

雨 后 蘑 菇

　　盘饰定型膏在这里一举两得，既用于固定，又用于装饰，象征着黑色的土壤。

自 在 神 仙 鱼

　　利用餐具创作一个海底的图景。

　　鱼形饼干做好后，用巧克力酱点出眼睛，再用盘饰定型膏固定。

　　用适当的颜色点缀。

万事如意

做两份造型饼干，分别用盘饰定型膏粘在玻璃管的两边。
这个作品的灵感来源于传统的祥云纹图案。各种传统的
图案中有很多值多值得参考的地方，读者可以去搜索和留意。

长 尾 蝴 蝶

对称图形是设计时值得考虑的，好的设计，加上一些简单的搭配，容易形成清新雅致的效果。下面的三例均是如此。

初冬雪飘

菩 提 花 韵

味 感 层 次

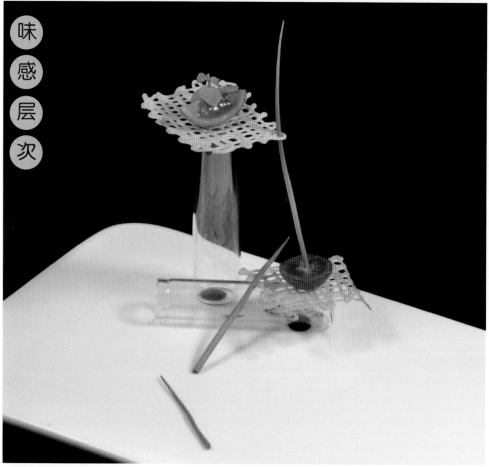

3. 艺术面

制作艺术面使用的配方是：

黄油	40克	鸡蛋	2个
糖粉	50克	盐	15克
低筋面粉	500克	水	150克

　　将黄油熔化后与各材料混合，调匀揉制成面团，即可进行造型。通常先擀成薄片，再用各种方法造型，造型做好后放入烤箱内烤熟即可。复杂的作品分部分进行造型，烤熟后进行粘接。可以用熔化的艾素糖粘接，艾素糖高温时熔化，在室温下会迅速冷却，变得坚固。

嬉 水

　　把艺术面擀成薄皮，直接用刀刻画出简约的天鹅造型，躯体和翅膀分开刻画，烤熟后粘在一起。糖艺的配合使作品更加有活力，展现出天鹅嬉水的一刻。

破土而出

就像中国书法一样，线条是富有"生命力"的，把握好比例，可以表达出很好的意境。

鱼尾屏风

把艺术面擀成薄片，改刀之后摆好造型，烤熟定型。也可做成方形、三角形，效果都是不错的。

飘扬

将面条在油锅里面炸到金黄色，再粘接搭配在餐具里面。面条的品种不限，可以用粉丝、意大利面等，或者用艺术面拉制而成。下面的装饰物，黄色的是薯球，红色的是小干玫瑰，绿色的是荷兰芹。

因为艺术面烤熟后即变硬，所以网的造型是在生面阶段做好的，用拉网刀划痕后拉开形成网眼，再将整个网弯曲摆放，送入烤箱。

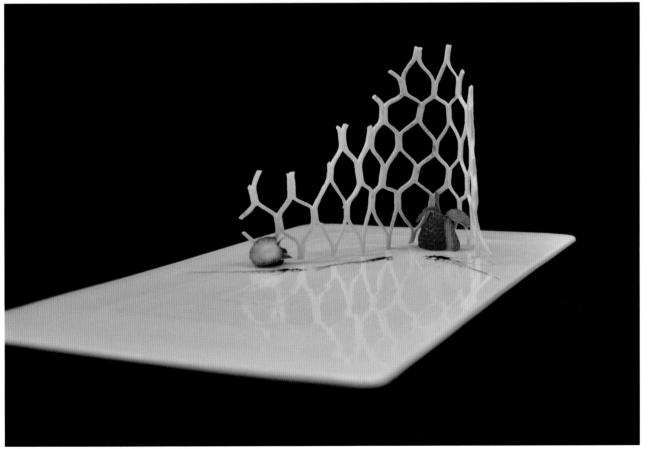

白 玉 珊 瑚

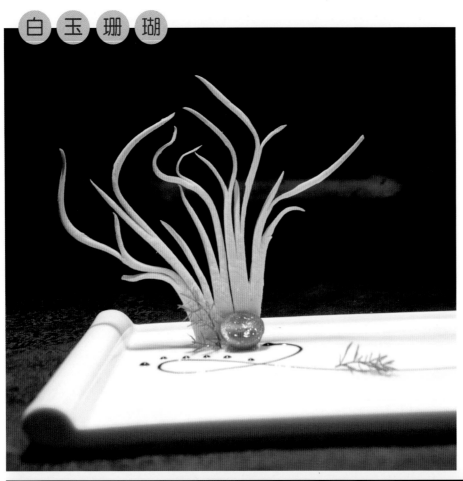

温 拿 烤 鱼

为了捕到这条鱼，渔网都被撕破了，这是多么鲜活的一景。用拉网刀把艺术面制作成渔网。

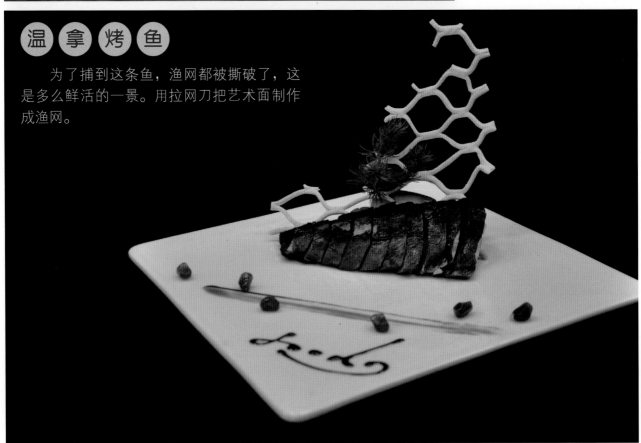

提 篮 小 蔬

时 光 隧 道

　　把艺术面擀成薄片，切成长方形，用刀在长方形中沿与短边平行的方向切出细丝但不切断，而后将长方形（每条丝）对折，再弯曲成如图所示圆形，平放送入烤箱，烤熟后使用。

空谷来风

密集的圆圈叠放，形成空灵之感。用艺术面做的造型因为比较结实，所以可以带来更多的结构感。艺术面的固定使用熔化的无色艾素糖，绿色丝状物是拉糖。

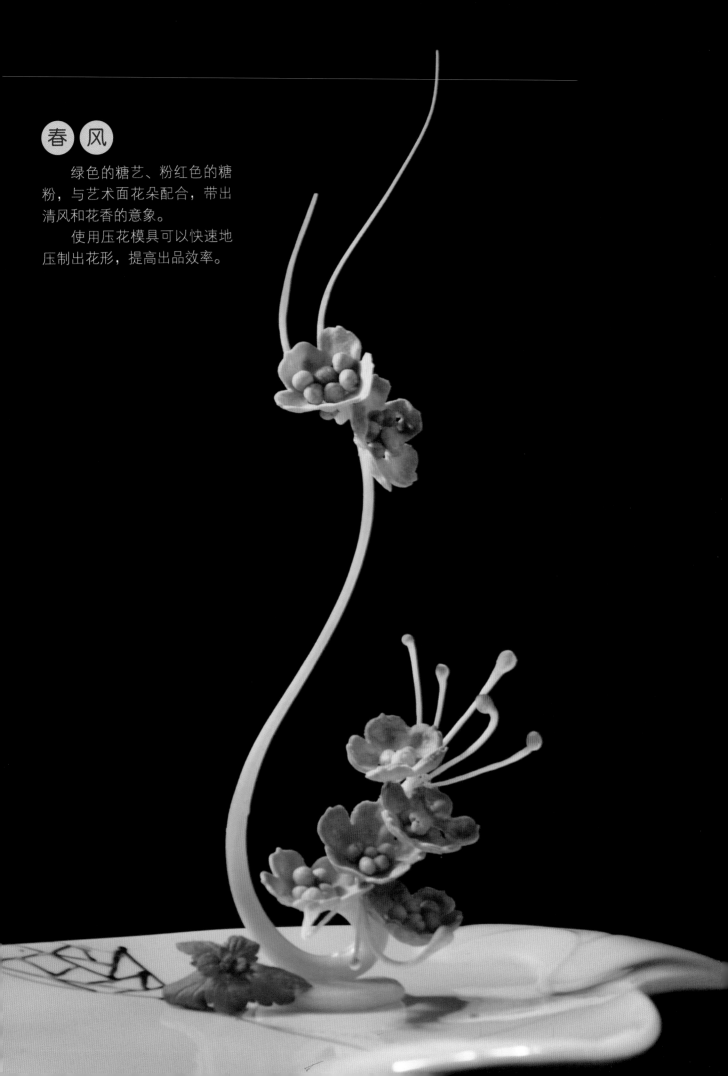

春 风

　　绿色的糖艺、粉红色的糖
粉，与艺术面花朵配合，带出
清风和花香的意象。
　　使用压花模具可以快速地
压制出花形，提高出品效率。

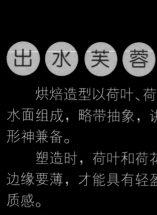

出 水 芙 蓉

　　烘焙造型以荷叶、荷花、水面组成，略带抽象，讲究形神兼备。

　　塑造时，荷叶和荷花的边缘要薄，才能具有轻盈的质感。

　　先将生面做成各个组件，用锡纸折成一定形状进行支撑，放入烤箱烘烤，烤熟后取出，用艾素糖粘接固定。注意掌握整体的牢固性，避免易碎的情况。

八月菊黄

　　制作菊花时，先逐层做好，而后放入烤箱烤熟，取出后用透明的艾素糖粘接成型，再与枝条粘接。下面的平板是糖块，用直冲式打火机烧热糖块，使其表面熔化，枝条等物就可以直接粘在上面。

富丽牡丹

　　把艺术面擀成薄片，用圆形不锈钢切模将其切成圆片，用条纹模具压出花瓣中的纹理，再用手整理出一片花瓣的造型。用锡纸折成一定形状支撑花瓣，各片花瓣都做好后，放入烤箱烤熟，取出后逐层粘接成花朵。

二、蔬果盘饰

蔬菜和水果是食品装饰中最传统和常用的材料。它们具有鲜艳、饱满、可人的颜色和质感，这是食物特有的性质。

1. 钢切模具的使用

使用盘饰工具"创意钢切模具"可以做出多种造型，花、鸟、鱼、十二生肖、祝福文字等，应有尽有。可以切割萝卜、西瓜、青笋、南瓜等蔬果材料做出造型，亦可以用来制作饼干、面食。造型做好后可以用澄面固定。

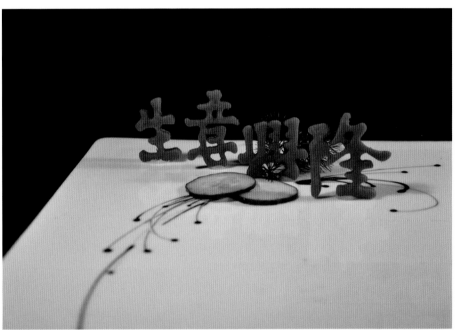

2. 作品赏析

古　意　金　桔

　　金橘切片摆放，再用红尖椒等装饰，盘面上的"墨痕"是用手指将巧克力酱推开而形成的。作品虽简单，却很有中国风。

绿　意

　　把菜心简单地修整一下，就可以收到不错的造型效果，再用一点暖色和深色来搭配，使整个画面轻快而活跃。

婀娜多姿

将烘干的藕片用糖丝支撑起来，配上幽香的茉莉花，底下用两小片苹果点缀，呈现一副空灵而又跃动的姿态。

花田喜事

把藕切成片，用低温烘干机烤干后用艾素糖粘接在一起，再搭配红巧梅，以及其他点缀物。

红墙小园

把红甜椒去心，切成如图造型，用圆口雕刻刀转出圆孔，然后与菜心、西瓜皮长条、柠檬块、蓬莱松、洋葱皮、果酱画等如图布置，就形成一座微型的"园林"。

逸动

用糖粉做花，将剑叶做成飘逸状，与草莓搭配在一起，并且配上流畅的巧克力线条。平面线条的装饰也是相当重要的，贵在流畅、过渡均匀。

花 开

　　把西红柿的皮用刀削下来，卷在一起形成番茄花，再用金橘切成片装饰，与修剪过的青菜叶等搭配，组成一幅画。

盆 景

　　将小番茄切成瓣后摆成小花；用西瓜皮切成长条做花茎；切取一层洋葱皮，用圆口雕刻刀转出圆孔，做成花盆。

茄花之实

把小番茄用雕刻刀切开、去瓤，用冷水泡开，即可用于盘饰。图中的"绿叶"和"红果"都是糖艺。

套马索

将蒜薹做成套马索的样子，用澄面固定在红椒圈内，在盘面画上巧克力线条，整体的感觉就像驰骋在原野上。

平步青云

猕猴桃切片后用低温干发机烘干，以保持原有的绿色。猕猴桃与爆米花糖杆粘在一起。黄色柱状物是蛋卷。

荷

把西瓜皮去瓤，用刀刻成荷叶形状。把大蒜去头尾，用牙签串在一起形成莲藕。用辣椒和蓬莱松装饰。

致 雅 流 年

剑叶的使用可以让作品更加生动、飘逸，就像时间的流逝，不经意，但是那么优雅。

一 枝 独 秀

苹果、洋葱、苦菊、蛋卷等多种色彩的食材相互搭配，产生中庸和谐的效果。白色糖丝用来拉升整个作品的延伸度，带来想象的空间。

　　眼前的景物模糊不清，过往静谧地呈现。

　　用金橘做出花盆的样子，配上小米椒的中国红，再用香草叶的绿色提一下颜色，前面放白色的草石蚕过渡。

三、转印盘饰

　　转印盘饰就是用可食的粉末通过镂空版在盘面洒出的图案装饰。

　　对于粉末材料，在白色的盘面上可以用黑色的可可粉和彩色的喷粉；在黑色的盘面上可以用白色的糖粉。

　　彩色的食用喷粉在食品原料店大都有售，常用于制作彩色蛋糕。使用彩色喷粉时，有必要注意的是颜色的过渡与协调。

　　镂空版可以是买来的现成塑胶版，也可以用剪纸的方法手工制作。现成塑胶版的款式很多，如右图所示。用手工剪纸版，则可以灵活创意。

1. 使用塑胶版

塑胶喷粉模版款式多样。使用时，可以合理利用版上的图案，喷出漂亮的造型。

小型的圆片模具适合用于冷菜及位餐。

2. 使用剪纸版

剪纸版的好处就是可以自己来决定图案，而且制作起来也不难。

心形花边

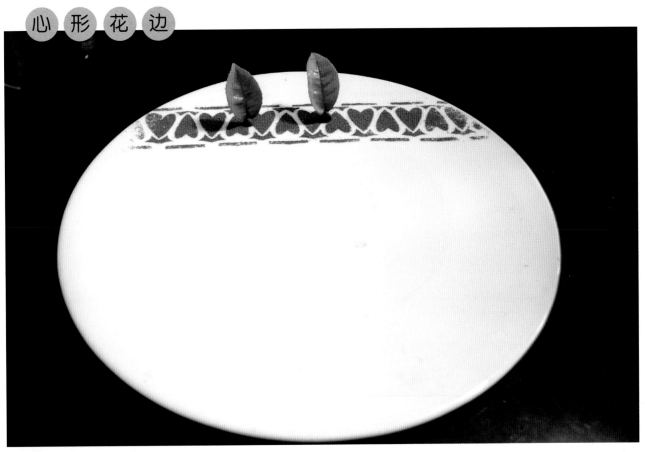

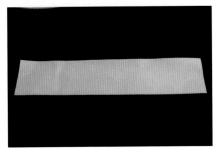

①准备一张长条纸。

②用对折的方法将其折叠在一起。

③在纸面上刻或者画出需要的纹路，然后用剪刀剪下。

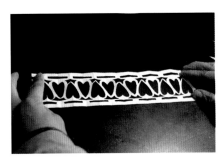

④展开剪好的纸张。

⑤将剪纸铺在盘面，用细网筛将可可粉均匀地洒在剪纸上。

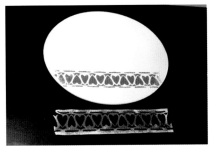

⑥小心地揭下剪纸，然后把盘子上多余的粉末擦掉。

小 果 实

向 阳 花

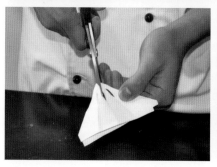

准备一张正方形的纸，如图对折，然后剪裁出对称的花纹图案。

用彩色喷粉在盘面上喷出图案后，再加上果酱作装饰搭配。

夜凌霄

紫昙花

令 箭 菊

粉 桃 花

红 枫

四、鱼皮盘饰

制作盘饰的时候，重要的是开拓思路，不拘一格地使用各种方法和材料。比如，使用三文鱼皮来制作。

制作方法：

①选用新鲜的三文鱼皮，刮干净鳞甲和皮下的碎肉。

②用盐腌渍一晚上，第二天用清水漂洗干净。

③把鱼皮放在通风干燥处晾干。

④将晾干的鱼皮切出造型，再用烤箱烘烤定型。

注意事项：

鱼皮的油和碎肉要取干净，这样鱼皮才会有薄感。

鱼皮在晾干和烘烤的时候会收缩，所以要特别注意有所预留。

在粘接的时候，可以使用盘饰定型膏，这样比较稳定且有可食性。

飞 絮

拉糖和鱼皮,两种质地截然不同的材料可以有出彩的搭配。

蝶　舞

用一点红色的糖艺来跳开色彩，用于做蝴蝶身体的部分，同时也起固定的作用。

摩 天 轮

尖尖角

双子塔

踏 水 小 荷

　　细线是绿铁丝，花店一般有售。绿色的圆球是糖，作品各个部分的粘接也是靠它。

睿尚食文化艺术发展中心

——全国极具专业程度的菜肴造型研究中心

菜肴出品培训班

时间：3天　费用：2800　食宿：包含

第一天：菜肴设计体系构造

第二天：实战菜品设计制作

第三天：出品流程责任规划、实地考察

赠送睿尚厨师俱乐部会员名额

盘饰艺术培训班

时间：5天　费用：1580元　食宿：自理

第一天：糖艺理论、立体造型

第二天：拉糖造型、流糖造型

第三天：果酱画、分子盘饰造型

第四天：糖粉造型、巧克力造型

第五天：烘焙盘饰制作、创意盘饰作品

已含原材料费用，赠送糖艺工具一套

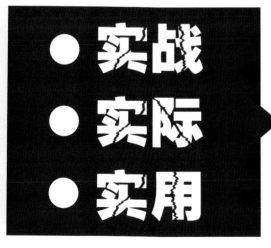

● 实战
● 实际
● 实用

打造优质强化训练，
引领行业时尚风潮

联系电话：025-86691033　　睿尚博客：http://ruis.blog.163.com
网　址：http://www.rschef.com　电子邮箱：sys1949@126.com

凭本书可免与书价相等学费

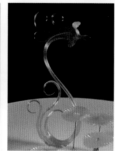